国家级一流本科专业建设成果教材

HUAGONG ZHUANYE JICHU SHIYAN

化工专业基础实验

陈 强 主 编

俞同文 曾 晖 胡胜楠 副主编

U0258422

化学工业出版社

·北京·

内容简介

　　《化工专业基础实验》分为化工原理实验和化工专业实验两部分，主要内容包括雷诺演示实验、伯努利实验、综合流体力学（泵性能、流体阻力）实验、筛板精馏实验、洞道干燥实验、液液传质实验、萃取综合实验、二氧化碳吸收实验、对流传热实验、中空超滤膜分离实验、集成反应精馏实验（多功能特殊精馏实验）、比表面和微孔分析实验、连续流动合成技术实验、高效液相色谱测定小麦胚芽油胶囊中的维生素 E 含量实验、微波辅助合成技术及红外光谱测定实验、二氧化碳临界状态的观测及 $p\text{-}V\text{-}T$ 关系测定实验、乙苯脱氢实验 17 项典型化工实验。

　　《化工专业基础实验》可作为普通高等学校化学工程与工艺及相关专业的化工专业基础实验教材或教学参考书，也可供石油、化工、环境、轻工、医药等行业科研和生产技术人员参考。

图书在版编目（CIP）数据

化工专业基础实验/陈强主编；俞同文，曾晖，胡胜楠副主编 . —北京：化学工业出版社，2024.2
　　ISBN 978-7-122-44467-7

　　Ⅰ.①化…　Ⅱ.①陈…②俞…③曾…④胡…　Ⅲ.①化学工程-化学实验-高等学校-教材　Ⅳ.①TQ016

中国国家版本馆 CIP 数据核字（2023）第 220738 号

责任编辑：丁建华　杜进祥		文字编辑：段曰超　师明远
责任校对：李雨晴		装帧设计：韩　飞

出版发行：化学工业出版社
　　　　　（北京市东城区青年湖南街 13 号　邮政编码 100011）
印　　刷：北京云浩印刷有限责任公司
装　　订：三河市振勇印装有限公司
787mm×1092mm　1/16　印张 8½　字数 210 千字
2024 年 6 月北京第 1 版第 1 次印刷

购书咨询：010-64518888　　　　　售后服务：010-64518899
网　　址：http://www.cip.com.cn
凡购买本书，如有缺损质量问题，本社销售中心负责调换。

定　　价：29.90 元

前言

　　化工专业基础实验课程是化学工程与技术专业的核心课程之一，是化工专业理论教学的补充、持续和优化，也是学生理论联系实际、由基本原理向实践操作过渡的关键环节。本课程不仅能够巩固学生在理论方面的基本知识，还有助于提高学生运用理论知识的能力、实验规范操作能力、仪器仪表使用和改进能力、实验数据处理和分析问题的能力。同时，化工专业基础实验是基础化学实验教学向化工专业实验教学过渡的桥梁，是大学生实现从化学学习向工程实践转变的关键环节，对新工科背景下主动践行科教兴国、时代担当，发挥教育、科技、人才在实现中国式现代化中的重要作用，加强对化工卓越工程师的培养具有重要意义。

　　本书为中山大学化学工程与工艺专业国家级一流本科专业建设成果教材。中山大学化学工程与工艺本科专业历经 30 余年的建设，坚持"厚基础、宽口径、强特色"的人才培养模式，培养既能牢固掌握化学工程与工艺的系统知识与技能，了解化工学科的理论及应用前沿，具备优良的实践应用能力，又能结合多学科的交叉知识进一步深造发展的复合型人才。当前，在新工科教育的背景下，学院开展了化工原理实验教学内容优化设计，结合学院教师多年的化工科研和实验教学经验，精心筛选了雷诺演示实验、伯努利实验、综合流体力学实验、筛板精馏实验等典型单元操作实验，以及中空超滤膜分离实验、集成反应精馏实验（多功能特殊精馏实验）、比表面和微孔分析实验、连续流动合成技术实验等化工专业实验，共计 17 项。为了完整覆盖实验教学过程中的全部环节，本书在化工原理基础知识讲解外，对实验的相关装置设备原理、操作方法、数据处理等方面进行了详细介绍，以期为新工科背景下复合型化工人才培养提供支撑。

　　全书由陈强、俞同文、曾晖、胡胜楠共同编写，同时感谢薛明、薛灿、黄漫娜、雷继红、周军、徐涛涛、张秀涛等在实验数据采集、处理和撰写等方面的重要贡献，感谢李天昊、岳亚宁在本书校稿中的工作。

　　鉴于编者的水平及经验有限，书中不妥和疏漏之处在所难免，敬请广大读者和同行不吝赐教，使本教材日臻完善。

编者

2023 年 10 月

目 录

第一章 | 绪 论

一、课程简介

化工专业基础实验课程是化工专业的一个重要的实践性教学环节，属于工程实验范畴。与一般化学实验相比，本课程工程特点突出，大多数实验与化工生产过程密切相关。通过本课程的学习，可以使学生建立一定的工程观念，了解掌握实验原理及其测试手段，进一步理解数学模型、工艺过程和工业设备之间的关系，为今后的工作打下坚实基础。

1. 教学特点

本课程以培养高等化工技术人才应具有的能力和素质为主要目的，强调理论与实践相结合，将能力和素质培养贯穿于实验课的全过程中。围绕化工专业核心课程的基本理论，开设了雷诺实验等 17 个工科实验。实验室中许多实验设备采用了计算机在线数据采集与控制系统，引入了先进的测试手段和数据处理技术，力求与实际生产过程相同，大大缩短了理论与实践之间的距离。课程教学着眼于培养学生掌握工程类问题的实验研究方法，提升综合分析和解决工程类问题的能力。

2. 教学目的

本课程的教学目的主要有以下几点：

（1）巩固和深化理论知识。通过本课程的学习，回顾化工专业核心课程的理论知识，进一步理解相关设备的工作原理和操作流程。

（2）提供理论联系实际的机会。学会应用专业核心课程的理论知识解决实验过程中遇到的各种问题，学会如何通过实验获取新的知识和信息。

（3）培养学生从事科学研究实验的能力。本课程要求学生在实验前独立设计实验方案，撰写预习报告，在实验过程中学会观察分析实验现象，掌握正确选择和使用各类仪器的能力，在实验后要求学生利用实验的原始数据进行数据处理以获得实验结果，并撰写实验报告。通过本课程开展的实验训练，学生能掌握各种实验技能，为将来从事科学研究和解决工程实际问题打下坚实基础。

二、实验数据处理

化工专业基础实验的大多数数据测量是间接测量，如通过测量流量、计算获得流速等。

因此，实验数据处理就是将实验中获得的一系列原始数据经过分析、计算，整理成各变量之间的定量关系，并用适宜方式表达出来。

数据处理的一般方法有三种：列表法、作图法和方程式关联法。处理的程序是：首先将直接测量结果按照顺序列出表格；然后计算中间结果及最终结果；再将这些结果列成表格；最后按照实验要求用图形或者经验公式表示。

进行实验数据处理时应注意以下几点：

（1）整理原始记录时，不能随意修改。经判断确实为过失误差造成的不正确数据，需注明后方可剔除。

（2）注意数据的有效数字位数，即记录的数据应该与测量仪器的精确度相匹配，位数不能多或少。

（3）实验数据列表分为原始数据记录表和实验数据整理计算表两类。前者根据实验内容在实验前设计好，后者则是根据实验要求计算得到。表格表头要列出物理量的名称、符号和单位。所列数据应清晰明了，便于检查和比较。

（4）用作图法表达数据间的函数关系通常要考虑坐标系的选择问题。常用的坐标有直角坐标、对数坐标和半对数坐标等，需要根据数据之间的关系或预测的函数形式进行选择。线性函数采用直角坐标；幂函数则采用对数坐标以使图形线性化；指数函数则采用半对数坐标；若自变量或者因变量中的一个最小值与最大值之间数量级相差太大，亦可以选用半对数坐标。

（5）采用方程式关联法将数据结果整理成经验公式时，首先应将实验数据绘成实验曲线，并与典型曲线对比，看实验曲线与哪种函数曲线相似就取哪种函数为经验公式。经验公式中待定系数的确定常采用直线图解法求得，即在普通坐标系上把数据标绘成直线或经过适当变换后在对数坐标系上化为直线，再通过直线方程求得常数。除直线图解法外，还有分组平均法、最小二乘法等。直线图解法最简单，但精度较差；最小二乘法计算复杂，但精度较高。如果使用电子计算机计算，采用最小二乘法可以达到又快又好的效果。

三、实验安全说明

（1）进入实验室时必须穿好实验服、戴好必要的防护用具（女生扎好头发），不允许穿拖鞋、钉鞋进入实验室，不允许穿短裤、裙子进入实验室；进入实验室后要遵守实验室的一切规章制度，听从实验指导教师的指挥。

（2）开展实验前要认真预习，撰写好预习报告，经实验指导教师检查通过后，方可操作。与本实验无关的仪器设备，不准乱摸乱动。

（3）进入实验室时应注意观察急救箱、灭火器等设施的位置，观察安全通道的位置，方便在发生意外事故时及时处理或有效撤离。

（4）实验操作时，要严格遵守仪器、设备、电路的操作规程，不得擅自变更，操作前须经教师检查同意后方可接通电路、进行仪器操作。操作中要仔细观察，如实记录实验现象和数据。当仪器设备发生故障时，严禁擅自处理，立即报告实验指导教师，并于下课前填写破损报告单，由实验指导教师审核上报处理。

（5）爱护仪器并保持实验室整洁，废品、废物丢入垃圾箱内。衣物、书包、书籍等物品要放到指定的位置上，严禁挂到设备上。

（6）实验完毕后，记录数据需经实验指导教师审查签字，做好室内的卫生清理工作，将使用的仪器设备恢复原状，关好门窗，检查水、电、气源是否关好，确保关好后方可离开实验室。

（7）发生火灾、灼伤、中毒、触电等紧急情况时，应按照以下方案进行处置。

① 火灾处置方案：木材、布料、纸张、橡胶以及塑料等固体可燃材料引发的火灾，可用水直接浇灭；易燃、可燃液体、气体和油脂类化学药品等引发的火灾，须使用大剂量泡沫或干粉灭火剂；带电电气设备火灾，应切断电源后再灭火；可燃金属，如镁、钠、钾及其合金等引发的火灾，应使用黄沙灭火。

② 灼伤处置方案：迅速脱去被化学物污染的衣物，根据其化学性质采取相应的处理措施。例如，硫酸以外酸类灼伤立即用大量清水彻底冲洗（皮肤被硫酸沾污时切忌先用水冲洗，以免硫酸水合时强烈放热而加重伤势，应先用干净毛巾或纱布吸去硫酸，然后再用清水冲洗），再用2%～5%的碳酸氢钠溶液、淡石灰水或肥皂水进行中和，并视灼伤情况送校医务室或医院治疗。

③ 中毒处置方案：迅速将中毒者转移至空气新鲜处，解开领扣，使其呼吸通畅，让中毒者呼吸到新鲜空气；口服中毒者，应立即用催吐的方法使毒物吐出，严重者须立即就医。

④ 触电处置方案：立即切断电源、使触电者脱离触电环境、根据情况进行心肺复苏等急救并拨打120急救电话。触电者未脱离电源前，救护人员不准用手直接触及触电者，应采用干燥的木棒、竹竿等挑开触电者身上的电线或带电设备。触电者脱离电源后，应判断其神志是否清醒并对症处理。如果触电者无呼吸有心跳时，应立即采用口对口人工呼吸法；如果触电者有呼吸无心跳时，应立即进行胸外心脏按压法抢救；如果触电者心跳和呼吸都已停止时，须交替采用人工呼吸和心脏按压法等抢救措施。

第二章 | 化工原理实验

实验一　雷诺演示实验

一、实验目的

1. 观察流体在管内做层流及湍流的流动型态（简称流型）。
2. 测定层流转变为湍流时的临界雷诺数 Re_c。
3. 观察流体做层流流动时的速度分布。

二、实验内容

1. 通过调节流体流量，观察不同流量下的流体流动型态。
2. 通过观察，在流体的流动突然变成直线时，测定流量数值为多大。

三、实验原理

英国科学家雷诺于 1883 年通过实验发现，流体流动主要分为两种不同的型态，即层流（laminar flow）和湍流（turbulent flow）。当流体做层流流动时，其质点做直线运动且平行于管轴，在径向无脉动；当流体做湍流流动时，其质点除了沿管轴方向做直线运动外，同时还做径向脉动，从而表现出杂乱无章地向各个方向做不规则运动。

流体的流动型态可用数群的值来判断，这一由各变量组合而成的无量纲数群的值即雷诺数（Re），其值不会因采用不同的单位制而不同。但需注意，数群中各物理量必须为同一单位制。当流体在圆管内流动时，雷诺数可用下式表示：

$$Re = \frac{du\rho}{\mu} \tag{2-1}$$

式中　Re——雷诺数，无量纲；

$\quad\quad d$——管子内径，m；

$\quad\quad u$——流体在管内的平均流速，m/s；

$\quad\quad \rho$——流体密度，kg/m³；

$\quad\quad \mu$——流体黏度，Pa·s。

当层流转变为湍流，此时的雷诺数称为临界雷诺数，用 Re_c 表示。通常认为，流体在直圆管内流动，$Re \leqslant 2000$ 时为层流；$Re > 4000$ 时，直圆管内会形成湍流；当 Re 在 $2000 \sim 4000$ 之间时，流动形态处于一种过渡状态，有可能是层流，也有可能是湍流，或者是两种形态交替出现，这与外界干扰有关，这一 Re 范围一般被称为过渡区。

由式（2-1）可知，对于温度一定的流体，在特定的直圆管内流动时，其雷诺数仅与流体的流速有关。本实验即通过改变管内流体的速度，观察在不同雷诺数下流体的流型，并测定临界雷诺数。

四、实验装置基本情况

雷诺演示实验的装置如图 2-1 所示，主要由玻璃实验导管、上水箱、下水箱、流量计、流量调节阀及水泵等部分组成，演示主管路为 $\phi 20\text{mm} \times 2\text{mm}$ 硬质玻璃管。

实验开始前，先将水注满下水箱，关闭流量计后面的调节阀 1 和调节阀 2，然后启动水泵。待水注满上水箱，上水箱进水到一定液位后，通过水箱右边溢流区返回到下水箱内，同时流量计上面的上水箱部分液位稳定，将流量计后面的调节阀 1 打开。此时水由上水箱的稳压溢流部分流出，经缓冲槽、实验导管和流量计流回到下水箱。实验过程中，可通过流量计和调节阀 1 调节水流量的大小。

通常采用红色墨水作为示踪剂。储罐中的红墨水经过连接管和细孔喷嘴，注入玻璃实验导管。细孔喷嘴位于实验导管入口的轴线部位。

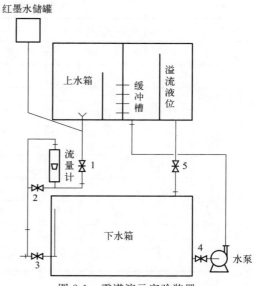

图 2-1 雷诺演示实验装置

注意：实验用的水应为蒸馏水（或去离子水），红墨水的密度应与实验用水相当，装置必须平稳放置，且避免振动。

五、实验方法及步骤

（1）层流流动型态。实验操作时，先将调节阀开启少许，将水的流速调至所需数值。再用自由夹精细调节红墨水储罐的下口旋塞，确保注入的红墨水流速适应实验导管中主体流体的流速，一般应略低于主体流体的流速。待在实验导管的轴线上观察到一条平直稳定的红色细流后，记录下此时主体流体的流量。

（2）湍流流动型态。缓慢调大调节阀的开度，平稳增大水流量，确保玻璃实验导管内主体流体的流速随之平稳增大。通过观察，可见玻璃实验导管轴线上原呈直线流动的红色细流开始发生径向波动。随着流速的不断增大，红色细流的波动程度也随之增大，直至断裂成数段红色细流。当流速持续增大到一定节点，红墨水流入实验导管后会呈雾状扩散在整个导管内，然后迅速与主体水流混合，两者融为一体，将整个管内流体渲染为红色，此时无法分辨红墨水的流线。

六、实验注意事项

（1）流体流速必须缓慢，特别是过渡流到层流时，需缓慢调节，直至中间的红线变成一条平稳的直线。

（2）为保证实验效果可靠有效，需对实验架底座进行固定。

七、实验数据处理示例

雷诺实验的原始数据记录如表 2-1 所示。

表 2-1　雷诺实验原始数据记录

序号	流量 $Q/(L/h)$	流动型态（实际观察到的）
1	27	层流，墨水呈直线
2	35	层流，墨水呈直线
3	45	层流，墨水呈直线
4	56	墨水线有扰动
5	73	墨水线的扰动范围增大
6	80	墨水线的扰动范围增大
7	85	墨水线的扰动范围增大
8	90	墨水线扩散至实验导管边界
9	100	墨水线很快完全散开
10	190	几乎看不到墨水线，完全散开

雷诺实验的数据处理结果记录如表 2-2 所示。

表 2-2　雷诺实验数据处理结果记录

序号	流量 $Q/(L/h)$	流速 $u/(m/s)$	雷诺数 Re	流动型态（根据 Re 做出判断）
1	27	0.0373	669	层流
2	35	0.0484	868	层流
3	45	0.0622	1116	层流
4	56	0.0774	1389	层流
5	73	0.1009	1810	层流
6	80	0.1106	1984	层流
7	85	0.1175	2108	过渡流
8	90	0.1244	2232	过渡流
9	100	0.1382	2479	过渡流
10	190	0.2626	4711	湍流

临界雷诺数 $Re_c = 1984$

计算过程：管径 0.016m，水温 25℃，查表得水的密度 997.8kg/m³，水的黏度 8.9×10^{-4}Pa·s

$$u = \frac{Q}{\pi D^2/4} = \frac{27 \times 0.001/3600}{\pi \times 0.016 \times 0.016/4} = 0.0373(\text{m/s})$$

$$Re = \frac{du\rho}{\mu} = \frac{0.016 \times 0.0373 \times 997.8}{8.9 \times 10^{-4}} = 669$$

八、思考题

流体流动型态的影响因素有哪些？

实验二　伯努利实验

一、实验目的

1. 通过实验，考察动、静、位压头随管径、位置及流量的变化情况，验证连续性方程和伯努利方程。
2. 通过观测流体流经收缩、扩大管段时的变化情况，定量考察流体流速与管径关系。
3. 通过观测流体流经直管段时的变化情况，定量考察流体阻力与流量关系。
4. 对流体流经节流件、弯头的压损情况做定性观察。

二、实验内容

1. 实验中，流体在一定流量下通过各检测点，通过记录此时产生的压头数据，对液柱高度变化的原因进行分析。
2. 对同一检测点在不同流量下的静压头与动压头进行对比，理解流体阻力与流量的关系并分析相关数据。
3. 实验中，流体在一定流量下通过扩大-收缩管段，通过记录此时各检测点产生的静压头，理解流体阻力受管径变化的影响。

三、实验原理

化工生产中的流体输送大多在密闭的管道中进行，因此，化学工程中的一个重要课题就是研究流体在管内的流动。研究流体力学性质的基本出发点，就是所有运动中的流体必然遵循质量守恒定律和能量守恒定律。

1. 连续性方程

流体在管内稳定流动时的质量守恒形式表现为如下的连续性方程：

$$\rho_1 \iint_1 v \mathrm{d}A = \rho_2 \iint_2 v \mathrm{d}A \tag{2-2}$$

根据平均流速的定义，有
$$\rho_1 u_1 A_1 = \rho_2 u_2 A_2 \tag{2-3}$$

即
$$m_1 = m_2 \tag{2-4}$$

而对均质、不可压缩流体，$\rho_1 = \rho_2 = $ 常数，则式（2-3）变为

$$u_1 A_1 = u_2 A_2 \tag{2-5}$$

由此可见，对于不可压缩的均质流体，平均流速与流通截面积成反比，即截面积越小，流速越大；反之，截面积越大，流速越小。

对圆管，$A = \pi d^2 / 4$，d 为直径，于是式（2-5）可转化为

$$u_1 d_1^2 = u_2 d_2^2 \tag{2-6}$$

2. 机械能衡算方程

除了遵循质量守恒定律以外，运动的流体还应满足能量守恒定律，据此，可以进一步得到在工程上非常重要的机械能衡算方程。

对于不可压缩的均质流体，当其稳定流动于管路内时，其机械能衡算方程（以单位质量流体为基准）为：

$$z_1 + \frac{u_1^2}{2g} + \frac{p_1}{\rho g} + h_e = z_2 + \frac{u_2^2}{2g} + \frac{p_2}{\rho g} + h_f \tag{2-7}$$

式中，各项均具有高度的量纲，z 称为位头；$u^2/2g$ 称为动压头（速度头）；$p/\rho g$ 称为静压头（压力头）；h_e 称为外加压头；h_f 称为压头损失。

关于上述机械能衡算方程的讨论：

（1）理想流体的伯努利方程。没有黏性摩擦损失的流体称为理想流体，也就是说，理想流体的 $h_f = 0$，若此时又无外加功，则机械能衡算方程变为：

$$z_1 + \frac{u_1^2}{2g} + \frac{p_1}{\rho g} = z_2 + \frac{u_2^2}{2g} + \frac{p_2}{\rho g} \tag{2-8}$$

式（2-8）为理想流体的伯努利方程。该式表明，理想流体在流动过程中保持总机械能不变。

（2）如果流体静止，则 $u = 0$，$h_e = 0$，$h_f = 0$，于是机械能衡算方程变为

$$z_1 + \frac{p_1}{\rho g} = z_2 + \frac{p_2}{\rho g} \tag{2-9}$$

式（2-9）称为流体静力学方程，由此可见，流体的静止状态是流体流动的一种特殊形式。

3. 管内流动分析

通过分析流体流动时的流速、压力、密度等与流动有关的物理量是否随时间而变化，即可将流体的流动分为两类：稳定流动和不稳定流动。一般来说，流体流动在连续生产过程

中，均可视为稳定流动，而在开工或停工阶段，则应属于不稳定流动。

通过雷诺实验，我们知道流体流动有层流和湍流两种不同流动型态。做层流流动时的流体质点做平行于管轴的直线运动，在径向无脉动；做湍流流动时的流体质点除沿管轴方向做向前运动外，还在径向上做脉动，从而在宏观上显示出其杂乱无章地向各个方向做不规则运动。

四、实验装置基本情况

伯努利实验的装置如图 2-2 所示。该装置的管路系统为有机玻璃材料制作，通过泵的作用使流体能循环流动。管路内径为 30mm，节流件变截面处管内径为 15mm。单管压力计 1 和 2 可用于变截面连续性方程的验证，单管压力计 1 和 3 可用于流体经节流件后的能头损失的比较，单管压力计 3 和 4 可用于流体流经弯头和流量计后的能头损失和位能变化情况的比较，单管压力计 4 和 5 可用于直管段雷诺数与流体阻力系数关系的验证，单管压力计 6 与 5 相互配合使用，用于单管压力计 5 处中心点速度的测定。

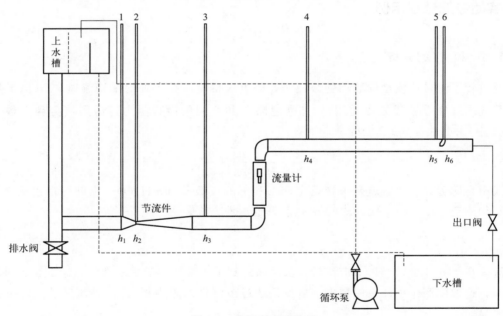

图 2-2 伯努利实验装置

在本实验装置中设置的进料方式分为两种：①高位槽进料；②直接泵输送进料。这两种方式的设置是为了进行对比，当然，使用直接泵输送进料方式时液体是不稳定的，产生的空气会导致实验数据的波动，所以，通常建议采用高位槽进料这一方式进行数据采集。

五、实验方法及步骤

（1）先向下水槽中注满清水，管路排水阀、出口阀保持关闭状态，然后通过循环泵将水打入上水槽中，此过程使整个管路中充满流体。注意：为观察流体静止状态时各管段的高度，需保持上水槽液位在一定高度。

（2）通过出口阀对管路内流体流量做精细调节，以保持上水槽液位的稳定，即保证整个系统处于一种稳定流动状态，并使转子流量计的读数尽可能在刻度线上。通过观察，对各单管压力计读数和流量值进行记录。

（3）通过改变流量，观察随流量变化的各单管压力计读数。注意：每改变一个流量，都需给予系统相应的稳流时间，流动状态稳定后，方能读取数据。

（4）实验结束，先将循环泵关闭，出口阀全开排尽系统内的流体，然后将排水阀打开，排空管路内沉积段流体。

六、实验注意事项

（1）该装置若非长期使用，应排空下水槽内液体，防止尘土沉积，否则测速管可能堵塞。

（2）每次开始实验之前，需先将整个管路系统做全面清洗，可先使管内流体流动一段时间，以检查阀门及管段有无漏水或堵塞情况。

七、实验数据处理示例

1. h_1 和 h_2 的分析

通过转子流量计流量读数和管截面积，即可求得流体在 1 处的平均流速 u_1（该平均流速对系统内其他等管径处也适用）。如果忽略 1 和 2 间的沿程阻力，适用伯努利方程［即式(2-8)］，并且由于 1、2 处等高，则有：

$$\frac{p_1}{\rho g} + \frac{u_1^2}{2g} = \frac{p_2}{\rho g} + \frac{u_2^2}{2g} \tag{2-10}$$

式中，两者静压头差就是单管压力计 1 和 2 的读数差（mH_2O），由此可求出流体在 2 处的平均流速 u_2。将 u_2 代入式(2-5)，验证连续性方程。

2. h_1 和 h_3 的分析

流体在 1 和 3 处，经过节流件后，虽然恢复到了等管径，但是单管压力计 1 和 3 间仍有读数差，这说明产生了能头的损失（也就是通过节流件的阻力损失）。且流量越大，读数差就越明显。

3. h_3 和 h_4 的分析

流体经过 3 到 4 处，受到弯头和转子流量计及位能的影响，导致单管压力计 3 和 4 有明显的读数差，且读数差随着流量的增大而变大，可定性观察由流体局部阻力导致的能头损失。

4. h_4 和 h_5 的分析

直管段 4 和 5 之间，单管压力计 4 和 5 的读数差说明存在直管阻力（流量较小时，该读数差不明显，可使用流体阻力装置测定直管阻力系数），根据

$$h_f = \lambda \frac{L}{d} \times \frac{u^2}{2g} \tag{2-11}$$

可推算阻力系数，然后依据雷诺数，作出两者的关系曲线。

5. h_5 和 h_6 的分析

单管压力计 5 和 6 之差表示的是 5 处管路的中心点速度，即最大速度 u_c，有

$$\Delta h = \frac{u_c^2}{2g} \tag{2-12}$$

考察在不同雷诺数下，u_c 与管路平均速度 u 的关系。

伯努利实验的原始数据记录如表 2-3 所示。

表 2-3　伯努利实验原始数据记录

流量/(L/h)	h_1/cm	h_2/cm	h_3/cm	h_4/cm	h_5/cm	h_6/cm
0	98	98	98	49	49	49
100	98	97.6	97.5	45.5	45.5	45.2
200	97.2	96.3	95.5	43.4	43.1	42.9
300	96.5	95.8	93.4	40.9	40.3	40
540	94.2	88.7	84.3	31.4	30	29
600	93.3	86.5	80.6	27.3	25.3	24.5
700	91.8	83.1	74.5	21.4	19.8	18.2
760	90.9	80.5	71.9	17.2	15.7	14

数据处理过程：以 200L/h 数据为例。

（1）分析 h_1 和 h_2

主体管路上的平均流速：

$$u = \frac{Q}{\pi D^2/4} = \frac{200 \times 0.001/3600}{\pi \times 0.030 \times 0.030/4} = 0.079(\text{m/s})$$

根据伯努利方程，计算 h_2 界面的平均流速：

由于 $\dfrac{p_1}{\rho g} + \dfrac{u_1^2}{2g} = \dfrac{p_2}{\rho g} + \dfrac{u_2^2}{2g}$，已知 $\dfrac{p_1}{\rho g} = h_1 = 97.2\text{cm} = 0.972\text{m}$，$\dfrac{p_2}{\rho g} = h_2 = 96.3\text{cm} = 0.963\text{m}$，$u_1 = 0.079\text{m/s}$

$$0.972 + \frac{0.079^2}{2g} = 0.963 + \frac{u_2^2}{2g}$$

计算得：$u_2 = 0.29\text{m/s}$

理论计算：$u_1 d_1^2 = u_2 d_2^2$

管内径 30mm，变截面喉径 15mm，理论流速：

$$u_2 = \frac{0.079 \times (30 \times 30) \times 10^{-6}}{(15 \times 15) \times 10^{-6}} = 0.32(\text{m/s})$$

由于 0.29m/s<0.32m/s，计算流速小于理论流速，所以有阻力损失。

（2）计算 h_1 和 h_3

流体在 1 和 3 处，经节流件后，虽然恢复到了等管径，但是单管压力计 1 和 3 的读数差说明了能头的损失。

计算阻力损失

$$h_f = h_1 - h_3 = 97.2 - 95.5 = 1.7(cm) = 0.017m$$

（3）计算 h_3 和 h_4

流体经 3 到 4 处，不仅位能变化，受弯头和转子流量计，阻力有损失；

已知：$h_3 = 95.5cm$，$h_4 = 43.1cm$

$$z_3 + \frac{u_3^2}{2g} + \frac{p_3}{\rho g} = z_4 + \frac{u_4^2}{2g} + \frac{p_4}{\rho g} + h_f$$

因为 $d_3 = d_4$，所以 $u_3 = u_4$

若　$z_3 = 0$，$z_4 = 0.5m$

则　$h_f = 0.955 - 0.431 - 0.5 = 0.024(m)$

（4）计算 h_4 和 h_5

单管压力计 4 和 5 的读数差说明了直管阻力的存在。已知：$d = 30mm$，$L_当 = 600mm$

$$\frac{p_4}{\rho g} + \frac{u_4^2}{2g} = \frac{p_5}{\rho g} + \frac{u_5^2}{2g} + h_f \qquad u_4 d_4^2 = u_5 d_5^2$$

$$h_f = \frac{\Delta p}{\rho g} = h_4 - h_5 = \lambda \frac{L}{d} \frac{u^2}{2g} = 0.003(m)$$

$$u = u_4 = u_5 = u_1 = 0.079m/s$$

$$\lambda = 0.003 \times \frac{0.03 \times 2 \times 9.81}{0.6 \times 0.079 \times 0.079} = 0.4716$$

（5）计算 h_5 和 h_6

计算 h_5 界面的中心点速度：

$$\Delta h = \frac{u_c^2}{2g}$$

$$1/2 u_5^2 = g(h_5 - h_6) = 9.81 \times (0.434 - 0.429)$$

$$u_5 = 0.313m/s$$

八、思考题

高位水槽液面稳定的作用是什么？

实验三　综合流体力学（泵性能、流体阻力）实验

一、实验目的

1. 充分了解离心泵的结构与性能，熟练掌握离心泵的操作规程和工作原理。

2. 通过对组成管路的管件及阀门的观察，熟悉管路组成，了解各类远传显示仪表及传感检测设备的读取及操作，学习掌握电磁流量计的使用方法及工作原理。

3. 对转速恒定条件下泵的轴功率（N）、有效扬程（H）及总效率（η）与泵的有效流量（Q）之间的曲线关系进行测定，实验检测得到的曲线趋势与化工原理教科书应相吻合。

4. 分别对三种实验管材（光滑圆直管、粗糙圆直管以及异形管）的摩擦系数 λ 与雷诺数 Re 的关系进行测定，对一般湍流区内 λ 与 Re 的关系曲线进行验证。

5. 在湍流状态下，测定流体流经阀门（阀门全开、1/4 开度、1/2 开度、3/4 开度）时的局部阻力系数 ξ。

6. 通过分别测定在层流状态下和流体由层流过渡到湍流过程中的直管摩擦系数 λ 与雷诺数 Re 的关系，得出层流状态的流体流动更加稳定、流量检测更准确这一结果。

7. 学会倒 U 形差压计和差压变送器的使用方法，并熟悉其工作原理。

二、实验内容

1. 离心泵的特性实验。
2. 光滑管阻力测定实验。
3. 粗糙管阻力测定实验。
4. 局部阻力管阻力测定实验（阀门全开、1/4 开度、1/2 开度、3/4 开度）。
5. 层流管阻力测定实验。
6. 异形管阻力测定实验。
7. 流体的黏度检测。

三、实验原理

1. 离心泵特性原理

选择和使用离心泵的重要依据之一是离心泵的特性曲线，这一特性曲线是在转速恒定下泵的轴功率 N、扬程 H 及效率 η 与泵的流量 Q 之间的关系曲线，它宏观地表现了流体在泵内的流动规律。由于在泵的内部，流动情况极其复杂，无法使用理论方法直接推导出泵的特性关系曲线，只能通过实验来测定。

（1）扬程 H 的测定与计算。取离心泵进口真空表和出口压力表处分别为 1、2 截面，列机械能衡算方程：

$$z_1 + \frac{p_1}{\rho g} + \frac{u_1^2}{2g} + H = z_2 + \frac{p_2}{\rho g} + \frac{u_2^2}{2g} + \sum h_f \tag{2-13}$$

由于 1、2 两截面间的管长较短，因此通常可忽略阻力项 $\sum h_f$，速度平方差也很小故可忽略，则有

$$H = (z_2 - z_1) + \frac{p_2 - p_1}{\rho g} = H_0 + H_1（表值）+ H_2 \tag{2-14}$$

式中　H_0——泵出口和进口间的位差，$H = z_2 - z_1$，m；

　　　ρ——流体密度，kg/m³；

　　　g——重力加速度，m/s²；

　p_1、p_2——分别为泵进、出口的真空度和表压，Pa；

H_1、H_2——分别为泵的进、出口的真空度和表压对应的压头，m；

u_1、u_2——分别为泵的进、出口的流速，m/s；

z_1、z_2——分别为真空表及压力表的安装高度，m。

由式（2-14）可知，只要将真空表和压力表的数值及两表的安装高度差直接读出，就可计算出泵的扬程。

（2）轴功率 $N(\mathrm{W})$ 的测量与计算。

$$N = N_{电} k \tag{2-15}$$

式中，$N_{电}$ 为电功率表的显示值；k 为电机传动效率，可取 $k=0.95$。

（3）效率 η 的计算。泵的效率 η 为泵的有效功率 N_e 与轴功率 N 的比值。有效功率 N_e 是指流体在单位时间内经过泵时所获得的实际功率，轴功率 N 是指单位时间内泵轴从电机得到的功，两者之间的差异反映了水力损失、容积损失和机械损失的大小。

泵的有效功率 N_e 可用下式计算：

$$N_e = HQ\rho g \tag{2-16}$$

故泵效率为

$$\eta = \frac{HQ\rho g}{N} \times 100\% \tag{2-17}$$

（4）转速改变时的换算。泵的特性曲线是由定转速下的实验测定得到的。但是，实际上当感应电动机的转矩改变时，其转速会发生变化，这样随着流量 Q 的变化，多个实验点的转速 n 也将有所差异，因此，在绘制特性曲线之前，需要把实测数据换算成某一特定转速 n' 下（可取离心泵的额定转速 2900r/min）的数据。具体换算关系如下：

流量

$$Q' = Q \frac{n'}{n} \tag{2-18}$$

扬程

$$H' = H \left(\frac{n'}{n}\right)^2 \tag{2-19}$$

轴功率

$$N' = N \left(\frac{n'}{n}\right)^3 \tag{2-20}$$

效率

$$\eta' = \frac{H'Q'\rho g}{N'} = \frac{HQ\rho g}{N} = \eta \tag{2-21}$$

2. 流体阻力原理

通过由直管、阀门等组成的管路系统的流体，由于涡流应力和黏性剪应力的作用，会损失一定的机械能。这种由流体流经直管时所造成的机械能损失称为直管阻力损失。而流体通过管件、阀门时，也会因其运动方向和速度大小改变而引起机械能损失，这一损失称为局部阻力损失。

（1）直管阻力摩擦系数 λ 的测定。流体在水平等径直管中稳定流动时，阻力损失为：

$$h_f = \frac{\Delta p_f}{\rho g} = \frac{p_1 - p_2}{\rho g} = \lambda \frac{l}{d} \times \frac{u^2}{2g} \tag{2-22}$$

即

$$\lambda = \frac{2d \Delta p_f}{\rho l u^2} \tag{2-23}$$

式中 λ——直管阻力摩擦系数，无量纲；

d——直管内径，m；

Δp_f——流体流经 $l(\mathrm{m})$ 直管的压力降，Pa；

h_f——单位质量流体流经 $l(\mathrm{m})$ 直管的机械能损失，J/kg；

ρ——流体密度，kg/m^3；

l——直管长度，m；

u——流体在管内流动的平均流速，m/s。

滞流（层流）时

$$\lambda = \frac{64}{Re} \qquad (2-24)$$

$$Re = \frac{du\rho}{\mu} \qquad (2-25)$$

式中 Re——雷诺数，无量纲；

μ——流体黏度，$kg/(m \cdot s)$。

湍流时 λ 是雷诺数 Re 和相对粗糙度（ε/d）的函数，需由实验确定。

由式(2-23)可知，欲测定 λ，需先确定 l、d，测定 Δp_f、u、ρ、μ 等参数。l、d 是装置参数；ρ、μ 通过测定流体温度，再查阅有关手册得到；u 通过测定流体流量，再由管径计算得到。

例如本装置采用涡轮流量计测流量（V，m^3/h）。

$$u = \frac{V}{900\pi d^2} \qquad (2-26)$$

Δp_f 可通过 U 形管、倒 U 形管、测压直管等液柱压差计来测定，或者使用差压变送器和二次仪表显示。

① 当采用倒 U 形管液柱压差计时

$$\Delta p_f = \rho g R \qquad (2-27)$$

式中 R——液柱高度，m。

② 当采用 U 形管液柱压差计时

$$\Delta p_f = (\rho_0 - \rho)gR \qquad (2-28)$$

式中 R——液柱高度，m；

ρ_0——指示液密度，kg/m^3。

根据实验装置的结构参数 l、d，指示液的密度 ρ_0，流体的温度 t_0（查流体物性 ρ、μ），以及实验时测定的流量 V、液柱压差计的读数 R，通过式(2-26)、式(2-27) 或式(2-28)、式(2-25) 和式(2-24) 求取 Re 和 λ，再将 Re 和 λ 标绘在双对数坐标图上。

（2）局部阻力系数 ξ 的测定。局部阻力损失一般有当量长度法和阻力系数法两种表示方法。

① 当量长度法。当流体流过某管件或阀门时，其所造成的机械能损失可看作与其流经某一长度为 l_e 的同直径的管道所产生的机械能损失相当，这一折合的管道长度称为当量长度，用符号 l_e 表示。这样，就可以利用直管阻力的公式来计算局部阻力损失，而且，在管路计算时，可以将管件、阀门的当量长度与管路中的直管长度合并在一起进行计算，则流体在管路中流动时的总机械能损失 $\sum h_f$ 为：

$$\sum h_f = \lambda \frac{l + \sum l_e}{d} \times \frac{u^2}{2} \qquad (2-29)$$

② 阻力系数法。流体通过某一管件或阀门时的机械能损失可以表示为流体在小管径内流动时平均动能的某一倍数，这种计算局部阻力的方法，称为阻力系数法。

$$h_{\mathrm{f}}' = \frac{\Delta p_{\mathrm{f}}'}{\rho g} = \xi \frac{u^2}{2g} \tag{2-30}$$

故

$$\xi = \frac{2\Delta p_{\mathrm{f}}'}{\rho u^2} \tag{2-31}$$

式中　ξ——局部阻力系数，无量纲；

$\quad\quad\Delta p_{\mathrm{f}}'$——局部阻力压降（本装置中测得的压降需扣除两测压口间直管段的压降，后者由直管阻力实验结果求取），Pa；

$\quad\quad\rho$——流体密度，kg/m^3；

$\quad\quad g$——重力加速度，m/s^2；

$\quad\quad u$——流体在小截面管中的平均流速，m/s。

按本实验要求，现场指定待测的管件和阀门，并采用阻力系数法表示管件或阀门的局部阻力损失。

对管件或阀门的局部阻力系数 ξ，需根据连接管件或阀门两端管径中小管的直径 d，流体的温度 t_0（查流体物性 ρ、μ），指示液的密度 ρ_0，以及实验测定的流量 V、液柱压差计的读数 R，通过式(2-26)、式(2-27) 或式(2-28)、式(2-31) 进行求取。

四、实验装置基本情况

离心泵特性曲线测定实验装置流程如图 2-3 所示。

流体阻力测定实验装置流程如图 2-4 所示。

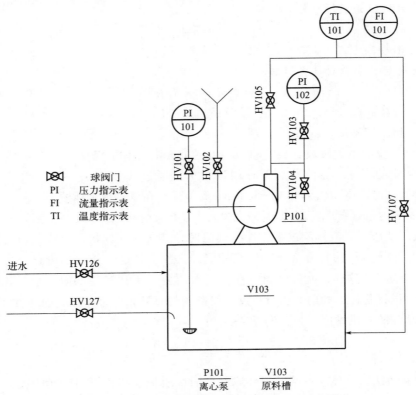

图 2-3　离心泵特性曲线测定实验装置流程示意图

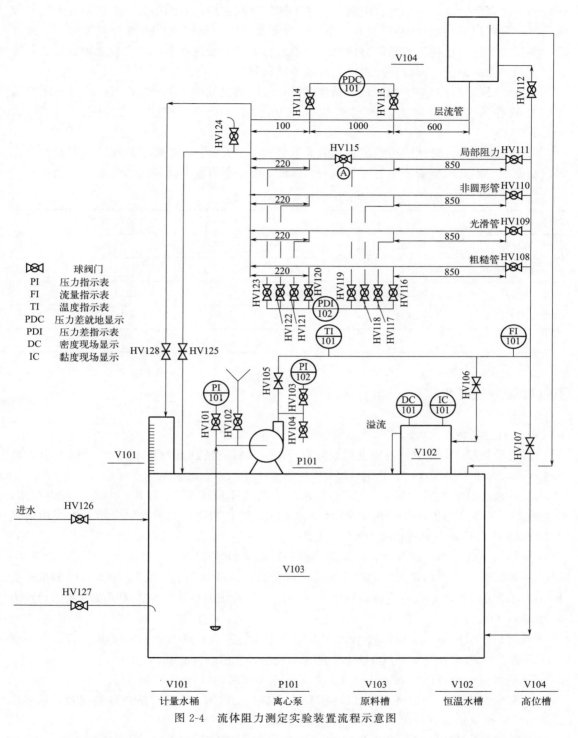

图 2-4 流体阻力测定实验装置流程示意图

（1）实验流程。实验对象部分包括电磁流量计、倒 U 形压差计、差压变送器等装置，以及水槽、离心泵、不同材质的水管和各种阀门。五段并联的长直管即管路部分，其可对局部阻力系数、异形管阻力系数、光滑管直管阻力系数、粗糙管直管阻力系数，以及经高位槽输送的层流管阻力系数分别进行测定。使用不锈钢管测定局部阻力部分，不锈钢管上装有待测管件（带阀门开度的球阀）；同样，使用内壁光滑的不锈钢管测定光滑管直管阻力，而将喷砂的光滑管作为粗糙管直管阻力的测定对象；对于异形管的测定，本实验采用方管；对层流管直管阻力的测定，同样使用内壁光滑的不锈钢管。

使用电磁流量计测量水的流量，精度为 0.5%，流量范围为 0～7m³/h，采用差压变送器测量管路和管件的阻力，本实验装置安装了 2 个差压变送器，分别为 0～5kPa，0～500kPa。

（2）装置参数。流体阻力测定装置的参数见表 2-4 所示。由于管子的材质等因素会存在批次的差异，由此可能会产生管径的不同，因此表 2-4 中的管内径只能作为参考。

表 2-4　流体阻力测定装置参数

名称	材质	管内径/mm	测量段长度/mm
粗糙管	镀锌铁	21.0	1000
光滑管	不锈钢	21.0	1000
异形管	不锈钢	14.0	1000
局部阻力（球阀）	不锈钢	21.0	1000
层流管	不锈钢	8.0	1000

五、实验方法及步骤

（1）离心泵特性曲线测定实验步骤。

① 对原料槽 V103 中的杂质进行细致清理，确保设备清洁后将进水阀 HV126 打开，将水槽 V103 内的水加至水槽容积的 3/4 左右（液位高度 220mm 左右）。

② 将离心泵灌水阀 HV102 和离心泵出口管路排净阀 HV104 打开，向离心泵内注水，待观察到离心泵出口管路排净阀 HV104 有水流出，即代表离心泵已充满水（即水泵内的气体排净），然后将离心泵灌水阀 HV102 关闭。

③ 仔细检查各阀门的开度，确保每一阀门都在关的状态。

④ 先试开一下（将仪表控制柜上离心泵开关打开，然后马上关闭），按离心泵电机外壳上标有的箭头检查离心泵电机的运转方向是否正常，确认离心泵是否正常运转（泵出口压力是否高于 200kPa）。

⑤ 将泵进出口压力表根部阀 HV101 和 HV103 打开，仔细观察仪表工作是否正常。然后启动离心泵 P101，将切断阀 HV107 打开，确保机泵后管路通畅。

⑥ 观察泵，当转速达到 2800r/min 之后，逐步将泵出口阀 HV105 打开。

⑦ 实验操作时，利用调节泵出口阀 HV105 的开度以增大流量，等各仪表读数显示逐步稳定后，对相应数据进行读取。

注意：离心泵特性实验获取的主要实验数据为泵进口压力 p_1、泵出口压力 p_2、流量 Q、电机功率 N、离心泵转速 n。

⑧ 通过实验测定获取流量为 1m³/h，2m³/h，3m³/h 等，直到泵的流量不增加，继续做 5～6 组数据后，首先将泵出口阀 HV105 关闭，然后在仪表控制柜上停止离心泵 P101。

⑨ 整理实验数据及装置。

（2）流体阻力测定实验步骤。

① 粗糙管特性实验装置流程如图 2-5 所示。

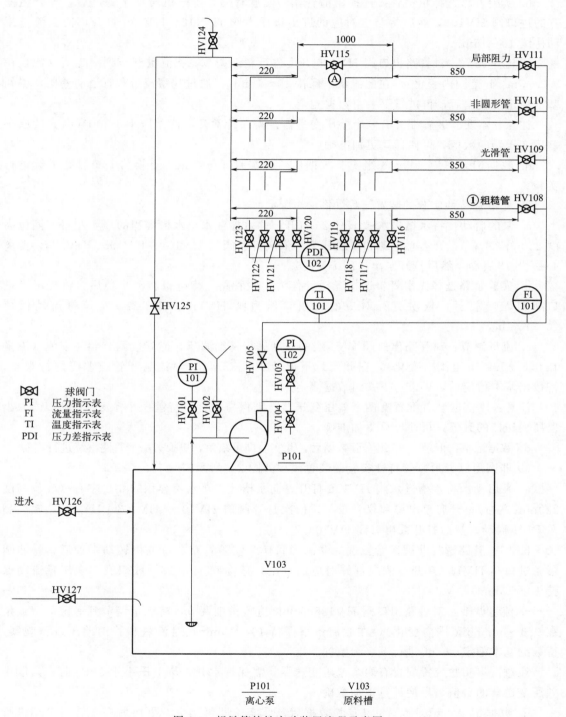

图 2-5 粗糙管特性实验装置流程示意图

  a. 泵启动：将水槽进水阀 HV126 打开，向水槽注水至水槽容积的 3/4 左右（液位高度 220mm 左右）；开启总电源及仪表开关，然后打开阀门 HV101、HV103、HV125，使离心泵 P101 启动，并将泵出口阀 HV105 打开。

  b. 实验管路选择粗糙管：选择粗糙管作为实验管路，待电机转动平稳之后，打开粗糙管的进口阀 HV108，然后将与之对应的进出口压力阀 HV116、HV120 打开，使全流量流动持续 10～15min。

  c. 流量调节：对管路出口阀 HV125 开度进行精细调节，将流量调节到一定值（流量在 0.3～5m³/h 范围内变化），在此流量下保持 10～15min，通过观察流量和管道的差压，得到基本稳定的数据后，再进行下一组数据测定。

  注意：本实验装置配置有两个差压变送器，需保持常开，待差压小于 5kPa 时，读取小差压变送器的数值，可使计算更加准确。

  d. 数据记录：记录 5～6 组实验数据后，此实验即可结束，更换另一个管路继续进行实验。

  ② 光滑管特性实验的装置流程如图 2-6 所示。

  a. 泵的启动：将水槽进水阀 HV126 打开，向水槽注水至水槽容积的 3/4 左右（液位高度 220mm 左右）；开启总电源和仪表开关，依次打开阀门 HV101、HV103、HV125，使离心泵 P101 启动，然后打开泵出口阀 HV105。

  b. 实验管路选择光滑管：选择光滑管作为实验管路，待电机转动平稳后，将光滑管进口阀 HV109 打开，依次打开对应的进出口压力阀 HV117、HV121，全流量流动保持 10～15min。

  c. 流量调节：对管路出口阀 HV125 的开度进行精细调节，待流量调节到一定值（流量在 0.3～5m³/h 范围内变化），在此流量下保持 10～15min，对流量和管道差压进行观察，待数据基本稳定后，再进行下一组数据测定。

  注意：本实验装置配置有两个差压变送器，需保持常开，待差压小于 5kPa 时，读取小差压变送器的数值，可使计算更加准确。

  d. 数据记录：记录 5～6 组实验数据后，此实验即可结束，更换另一个管路继续进行实验。

  ③ 非圆形（异形）管特性实验的装置流程如图 2-7 所示。

  a. 泵启动：将水槽进水阀 HV126 打开，向水槽注水至水槽容积的 3/4 左右（液位高度 220mm 左右）；开启总电源和仪表开关，依次打开阀门 HV101、HV103、HV125，使离心泵 P101 启动，然后打开泵出口阀 HV105。

  b. 实验管路选择非圆形管：选择非圆形管作为实验管路，待电机转动平稳后，将非圆形管进口阀 HV110 打开，依次打开对应的进出口压力阀 HV118、HV122，全流量流动保持 10～15min。

  c. 流量调节：对管路出口阀 HV125 的开度进行精细调节，待流量调节到一定值（流量在 0.3～5m³/h 范围内变化），在此流量下保持 10～15min，对流量和管道差压进行观察，待数据基本稳定后，再进行下一组数据测定。

  注意：本实验装置配置有两个差压变送器，需保持常开，待差压小于 5kPa 时，读取小差压变送器的数值，可使计算更加准确。

  d. 数据记录：记录 5～6 组实验数据后，此实验即可结束，更换另一个管路继续进行实验。

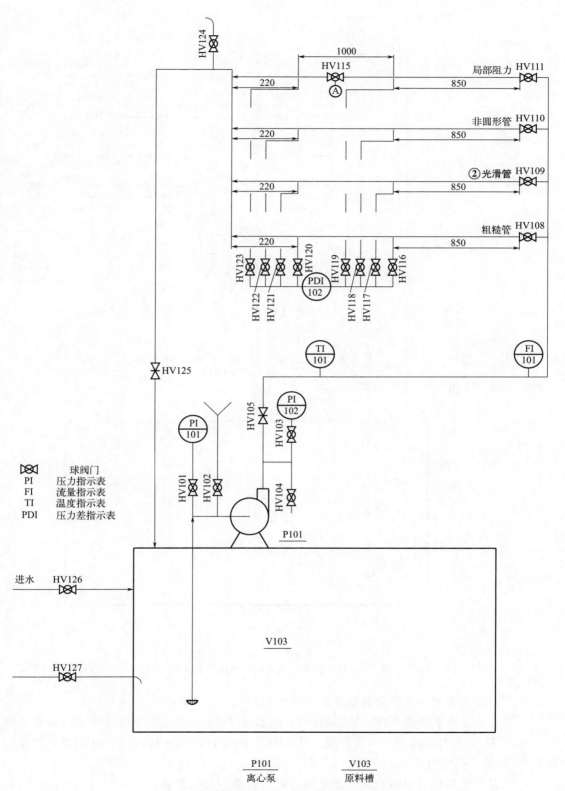

图 2-6　光滑管特性实验装置流程示意图

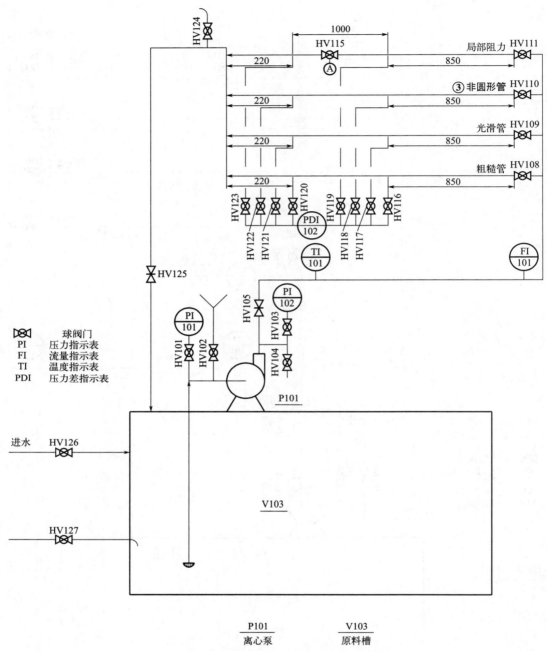

图 2-7　非圆形管特性实验装置流程示意图

④ 局部阻力管特性实验的装置流程如图 2-8 所示。

a. 泵启动：将水槽进水阀 HV126 打开，向水槽注水至水槽容积的 3/4 左右（液位高度 220mm 左右）；开启总电源和仪表开关，依次打开阀门 HV101、HV103、HV125，使离心泵 P101 启动，然后打开泵出口阀 HV105。

b. 实验管路选择局部阻力管：选择局部阻力管作为实验管路，待电机转动平稳后，将局部阻力管进口阀 HV111 打开，依次打开对应的进出口压力阀 HV119、HV123，全流量

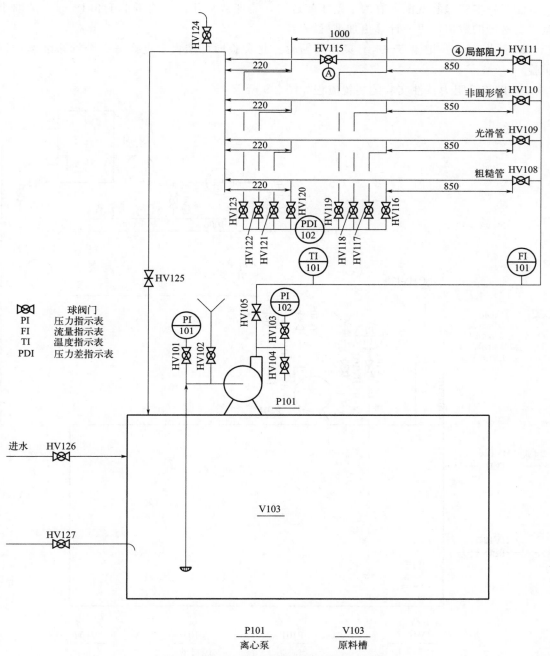

图 2-8 局部阻力管特性实验装置流程示意图

流动保持 10～15min。

注意：本实验中，安装有开度显示的球阀，通过改变局部阻力球阀 HV115 的开度（全开、1/4，半开，3/4 开），测定不同开度下的阻力系数。

c. 流量调节：对管路出口阀 HV125 的开度进行精细调节，待流量调节到一定值（流量在 0.3～5m³/h 范围内变化），在此流量下保持 10～15min，对流量和管道差压进行观察，待数据基本稳定后，再进行下一组数据测定。

注意：本实验装置配置有两个差压变送器，需保持常开，待差压小于 5kPa 时，读取小差压变送器的数值，可使计算更加准确。

d. 数据记录：记录 5～6 组实验数据后，此实验即可结束，更换另一个管路继续进行实验。

⑤ 层流管阻力特性实验的装置流程如图 2-9 所示。

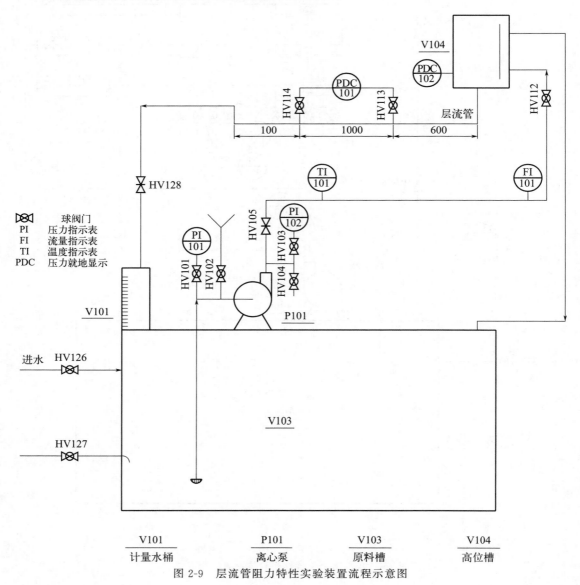

V101	P101	V103	V104
计量水桶	离心泵	原料槽	高位槽

图 2-9 层流管阻力特性实验装置流程示意图

a. 实验准备：使用量筒对计量水桶刻度做标定；将硅油倒入倒 U 形差压计内并调平。

b. 泵启动：将水槽进水阀 HV126 打开，向水槽注水至水槽容积的 3/4 左右（液位高度 220mm 左右）；开启总电源和仪表开关，依次打开阀门 HV101、HV103、HV128，使离心泵 P101 启动，然后打开泵出口阀 HV105。

c. 实验管路选择层流管：选择层流管作为实验管路，待电机转动平稳后，将层流管进口阀 HV112 打开，依次打开对应的进出口压力阀 HV113、HV114，全流量流动保持

10～15min。

　　d. 流量调节：对泵出口阀 HV105 开度进行精细调节（控制进料流量 0.3L/min），严密控制高位槽液位，使其几乎无波动；层流管路特性阀 HV128 全开，仔细观察倒 U 形差压计差压，防止超压。

　　e. 实验：实验开始操作时，先将层流出口管路出口切换至计量水桶，同时迅速按下秒表进行计时，仔细观察玻璃倒 U 形差压计差压，保持 10～15min，对计量水桶体积、秒表时间以及倒 U 形差压计压差做细致记录。观察流量和管道的差压，待数据基本稳定后，再进行下一组数据。

　　f. 数据记录：记录 3～4 组实验后，此实验结束，换个管路进行实验。

　　⑥ 密度和黏度特性实验的装置流程如图 2-10 所示（选做）。

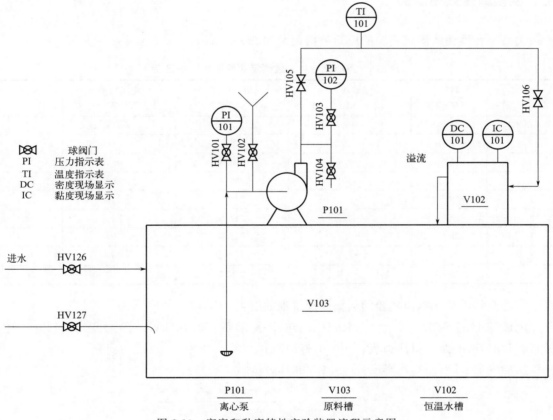

图 2-10　密度和黏度特性实验装置流程示意图

　　a. 实验准备：安装密度计和黏度计到计量水量相应的位置。

　　b. 泵启动：将水槽进水阀 HV126 打开，向水槽注水至水槽容积的 3/4 左右（液位高度220mm 左右）；开启总电源和仪表开关，依次打开阀门 HV101、HV103、HV106，使离心泵 P101 启动，然后打开泵出口阀 HV105。

　　c. 实验：对 HV105 开度进行精确调节，控制恒温水槽液位，保持其稳定；保持稳定15～25min，对密度值进行记录，同时测量黏度值。

　　d. 实验数据记录，并分析。

六、实验注意事项

（1）每次实验之前，必须对泵进行灌泵操作，以防止离心泵产生气缚。同时注意对泵进行定期保养，防止固体颗粒损坏叶轮。

（2）泵的运转过程中，不要触碰泵主轴部分，因主轴高速转动，若有触碰会缠绕并伤害身体与主轴接触的部位。

（3）在出口阀关闭状态下，不要长时间使泵运转，通常不超过 3min，否则泵中液体循环温度升高，极易产生气泡，使泵抽空造成损害。

七、实验数据处理示例

离心泵特性曲线测定实验的原始数据记录如表 2-5 所示。

表 2-5 离心泵特性曲线测定实验原始数据记录

流量 /(m^3/h)	转速 /(r/min)	进口压力 /kPa	出口压力 /kPa	电机功率 /kW	温度 /℃
7.092	2855	−15.5	117	0.467	24
6.21	2850	−12.2	154	0.466	24
5.298	2852	−8.7	186.8	0.454	24
4.368	2862	−6.1	209.8	0.432	24
3.444	2875	−4	230.5	0.399	24
2.634	2899	−2.7	247.8	0.361	24
1.716	2909	−1.7	262.6	0.309	24
0.882	2930	−1.1	270.3	0.254	24
0	2951	−0.8	276.7	0.193	24

离心泵特性曲线测定实验的数据处理过程如下：

电磁流量计读数：$Q = 6.21 \text{m}^3/\text{h}$；功率表读数：0.466kW；离心泵出口压力表：0.154MPa；离心泵入口压力表：−0.0122MPa；

实验水温：$t = 24℃$；密度：$\rho = 997.234 \text{kg/m}^3$。

$$H = (Z_{出} - Z_{入}) + \frac{p_{出} - p_{入}}{\rho g} + \frac{u_{出}^2 - u_{入}^2}{2g}$$

$$H = 0.2 + \frac{(0.154 + 0.0122) \times 1000000}{997.234 \times 9.81} = 17.19（\text{m}）$$

$N' = $功率表读数×电机效率$ = 0.466 \times 70\% = 0.3262（\text{kW}）= 326.2（\text{W}）$

$$\eta = \frac{N_e}{N}$$

$$N_e = HQ\rho g = \frac{17.19 \times 6.21 \div 3600 \times 1000 \times 997.234 \times 9.81}{1000} = 290.1（\text{W}）$$

$$\eta = \frac{290.1}{326.2} = 88.93\%$$

离心泵特性曲线测定实验的数据处理结果记录如表 2-6 所示。

表 2-6 离心泵特性曲线测定实验数据处理结果记录

流量 $Q/(m^3/h)$	转速 $n/(r/min)$	进口压力 p_1/kPa	出口压力 p_2/kPa	电机功率 $N_电/kW$	温度 $t/℃$	扬程 H/m	轴功率 N'/W	有效功率 N_e/W	效率 η /%
7.092	2855	−15.5	117	0.467	24	13.74	326.9	264.8	81.00
6.21	2850	−12.2	154	0.466	24	17.19	326.2	290.1	88.93
5.298	2852	−8.7	186.8	0.454	24	20.18	317.8	290.5	91.41
4.368	2862	−6.1	209.8	0.432	24	22.27	302.4	264.3	87.40
3.444	2875	−4	230.5	0.399	24	24.17	279.3	226.2	80.99
2.634	2899	−2.7	247.8	0.361	24	25.81	252.7	184.74	73.11
1.716	2909	−1.7	262.6	0.309	24	27.22	216.3	126.93	58.68
0.882	2930	−1.1	270.3	0.254	24	27.94	177.8	66.97	37.67
0	2951	−0.8	276.7	0.193	24	28.57	135.1	0	0.00

流体阻力测定实验数据处理结果记录如表 2-7 所示。

表 2-7 流体阻力测定实验数据处理结果记录

①粗糙管:液体温度 26℃;密度 996.7kg/m³;黏度 0.000873Pa·s

序号	管径/m	长度/m	流量/(L/h)	$\Delta p/kPa$	流速/(m/s)	Re	h_f	λ
1	0.021	1	1000	1.56	0.8024	17009	0.1595	0.1021
2	0.021	1	1530	3.29	1.2277	26024	0.3365	0.0920
3	0.021	1	2000	5.28	1.6048	34018	0.5400	0.0864
4	0.021	1	2500	8.12	2.0060	42523	0.8305	0.0850
5	0.021	1	3030	11.56	2.4313	51537	1.1823	0.0824
6	0.021	1	3520	15.46	2.8244	59872	1.5812	0.0817
7	0.021	1	4010	19.77	3.2176	68206	2.0220	0.0805
8	0.021	1	4500	24.62	3.6108	76541	2.5180	0.0796
9	0.021	1	5000	30.03	4.0120	85045	3.0713	0.0786

②光滑管:液体温度 26℃;密度 996.7kg/m³;黏度 0.000873Pa·s

序号	管径/m	长度/m	流量/(L/h)	$\Delta p/kPa$	流速/(m/s)	Re	h_f	λ
1	0.021	1	1000	0.5	0.8024	17009	0.0511	0.0327
2	0.021	1	1500	0.87	1.2036	25514	0.0890	0.0253
3	0.021	1	2000	1.33	1.6048	34018	0.1360	0.0218
4	0.021	1	2500	1.99	2.0060	42523	0.2035	0.0208
5	0.021	1	3000	2.67	2.4072	51027	0.2731	0.0194
6	0.021	1	3500	3.52	2.8084	59532	0.3600	0.0188
7	0.021	1	4000	4.35	3.2096	68036	0.4449	0.0178
8	0.021	1	4500	5.21	3.6108	76541	0.5328	0.0168
9	0.021	1	5000	6.33	4.0120	85045	0.6474	0.0166

③非圆形管：液体温度 26℃；密度 996.7kg/m³；黏度 0.000873Pa·s

序号	管径/m	长度/m	流量 /(L/h)	Δp/kPa	流速/(m/s)	Re	h_f	λ
1	0.014	0.014	594	0.94	1.0137	14734	0.096	0.02643
2	0.014	0.014	810	1.56	1.3823	20092	0.160	0.02359
3	0.014	0.014	1266	3.4	2.1604	31403	0.348	0.02105
4	0.014	0.014	1650	5.6	2.8157	40928	0.573	0.02041
5	0.014	0.014	2160	8.8	3.6860	53578	0.900	0.01872
6	0.014	0.014	2706	13.3	4.6178	67122	1.360	0.01802
7	0.014	0.014	3498	21.6	5.9693	86767	2.209	0.01752
8	0.014	0.014	4032	28.2	6.8806	100013	2.884	0.01721
9	0.014	0.014	4308	32.1	7.3515	106859	3.283	0.01716

④局部阻力管：液体温度 26℃；密度 996.7kg/m³；黏度 0.000873Pa·s

序号	管径/m	长度/m	流量 /(L/h)	Δp/kPa	流速/(m/s)	Re	h_f	λ
1	0.021	1	1146	0.59	0.91955	19492	0.219	全开
2	0.021	1	1806	1.33	1.44913	30718	0.157	全开
3	0.021	1	2442	2.28	1.95945	41536	0.096	全开
4	0.021	1	3024	3.36	2.42645	51435	0.057	全开
5	0.021	1	3570	4.57	2.86456	60722	0.033	全开
6	0.021	1	4140	6.1	3.32192	70417	0.027	全开
7	0.021	1	4776	8	3.83225	81235	0.012	全开
1	0.021	1	1530	1.84	1.22767	26024	1.318	1/4 开
2	0.021	1	2268	3.89	1.81984	38577	1.258	1/4 开
3	0.021	1	2508	4.66	2.01241	42659	1.215	1/4 开
4	0.021	1	2832	5.9	2.27239	48170	1.203	1/4 开
5	0.021	1	3084	7	2.47459	52456	1.206	1/4 开
6	0.021	1	3312	8	2.65754	56334	1.187	1/4 开
7	0.021	1	3666	9.7	2.94159	62355	1.166	1/4 开
8	0.021	1	3972	11.3	3.18712	67560	1.150	1/4 开
9	0.021	1	4488	14.3	3.60116	76337	1.131	1/4 开
1	0.021	1	630	1.35	0.50551	10716	9.143	半开
2	0.021	1	1002	3.33	0.80400	17043	9.120	半开
3	0.021	1	1458	7	1.16989	24799	9.125	半开
4	0.021	1	1992	12.6	1.59837	33882	8.790	半开
5	0.021	1	2598	21.1	2.08463	44189	8.650	半开
6	0.021	1	3096	30	2.48422	52660	8.667	半开
7	0.021	1	3702	42.5	2.97047	62967	8.581	半开
8	0.021	1	4398	59.4	3.52894	74806	8.490	半开

续表

序号	管径/m	长度/m	流量/(L/h)	Δp/kPa	流速/(m/s)	Re	h_f	λ
1	0.021	1	666	21.4	0.53440	11328	149.0	3/4 开
2	0.021	1	876	35.8	0.70290	14900	144.1	3/4 开
3	0.021	1	1224	70	0.98213	20819	144.5	3/4 开
4	0.021	1	1494	102.8	1.19878	25412	142.4	3/4 开
5	0.021	1	1854	157.1	1.48764	31535	141.3	3/4 开
6	0.021	1	2136	207.9	1.71392	36331	140.9	3/4 开
7	0.021	1	2430	268.4	1.94982	41332	140.6	3/4 开

⑤层流管:温度 T30℃,黏度 0.0008007Pa·s;水箱为长方体,长 160mm,宽 125mm;管长 2m;管径 8mm;水密度 994.23kg/m³;硅油密度 928.86kg/m³

序号	管前压力/cm	管后压力/cm	管压差/cm	阻力损失 Δp_f/Pa	水箱高度/cm	水箱容积/L	实验时间/s	流速/(m/s)	Re	h_f	λ
1	50.7	1.5	49.2	315.51	23.1	4.62	270.58	0.3399	3375	0.0323	0.0190
2	47.6	4.1	43.5	278.96	24.7	4.94	312.60	0.3145	3123	0.0286	0.0205
3	43.5	8.3	35.2	225.73	25.25	5.05	357.60	0.2811	2791	0.0231	0.0229
4	38.1	13.7	24.4	156.47	21.3	4.26	360.71	0.2351	2334	0.0160	0.0274
5	31.8	20.1	11.7	75.03	19.5	3.90	420.76	0.1845	1832	0.0077	0.0349
6	30.8	21.5	9.3	59.64	19.7	3.94	485.60	0.1615	1604	0.0061	0.0399
7	28.6	23.5	5.1	32.71	13.3	2.66	605.16	0.0875	869	0.0034	0.0737
8	27.9	24.3	3.6	23.09	14.3	2.86	900.60	0.0632	628	0.0024	0.1020
9	27.0	25.1	1.9	12.18	7.8	1.56	961.41	0.0323	321	0.0012	0.1996
10	26.6	25.5	1.1	7.05	5.1	1.02	1089.47	0.0186	185	0.0007	0.3459

以光滑管数据为例（取流量为 1000L/h）：

Q_v＝1000L/h；Δp＝0.5kPa；实验水温 t＝26℃；黏度 μ＝0.873×10⁻³Pa·s；密度 ρ＝996.7kg/m³。

管内流速
$$u = \frac{Q_v}{\frac{\pi}{4}d^2} = \frac{1000 \div 3600 \div 1000}{(\pi/4) \times 0.0205^2} = 0.842\,(\text{m/s})$$

阻力降
$$\Delta p_f = 0.5\text{kPa}$$

雷诺数
$$Re = \frac{du\rho}{\mu} = \frac{0.0205 \times 0.842 \times 996.7}{0.87 \times 10^{-3}} = 17.424 \times 10^3$$

阻力系数
$$\lambda = \frac{2d}{\rho L} \times \frac{\Delta p_f}{u^2} = \frac{2 \times 0.0205}{996.7 \times 1.0} \times \frac{0.5 \times 1000}{0.842^2} = 0.029$$

八、思考题

1. 在现有实验条件下，怎样确定离心泵的工作点？
2. 如何测定及计算直管阻力？直管阻力产生的原因是什么？

实验四　筛板精馏实验

一、实验目的

1. 了解筛板精馏塔及其附属设备的基本结构，掌握精馏过程的基本操作方法。
2. 掌握判断系统达到稳定的方法，通过学习，可以熟练利用实验方法测定塔顶、塔釜溶液浓度。
3. 对测定精馏塔全塔效率和单板效率的实验方法进行深入学习，研究精馏塔分离效率受回流比的影响。
4. 了解精馏塔全塔效率和单板效率受原料进料热状况 q 的影响情况。

二、实验内容

1. 进料温度控制。
2. 全回流筛板精馏。
3. 部分回流筛板精馏。
4. 回流温度控制。
5. 塔釜温度控制。
6. 残液温度控制。
7. 回流比的调节。

三、实验原理

1. 全塔效率 E_T

全塔效率又称为总板效率，是指达到指定分离效果所需的理论板数与实际板数之比，即

$$E_T = \frac{N_T - 1}{N_P} \tag{2-32}$$

式中　N_T——完成一定分离任务所需的理论塔板数，包括蒸馏釜；

N_P——完成一定分离任务所需的实际塔板数，本装置 $N_P = 10$。

全塔效率简明地反映了整个塔内塔板的平均效率，清楚地展示出塔分离能力受塔板结构、物性系数、操作状况等因素的影响。对于塔内所需的理论塔板数 N_T，即可由实验中测得的塔顶、塔釜出液组成，回流比 R 和热状况 q 等，以及已知的双组分物系平衡关系，用图解法求得。

2. 单板效率 E_M

单板效率又称为莫弗里板效率，是指气相或液相经过一层实际塔板与经过一层理论塔板

前后的组成变化值之比，塔板气液流向如图 2-11 所示。

按气相组成变化表示的单板效率为

$$E_{MV} = \frac{y_n - y_{n+1}}{y_n^* - y_{n+1}} \qquad (2\text{-}33)$$

按液相组成变化表示的单板效率为

$$E_{ML} = \frac{x_{n-1} - x_n}{x_{n-1} - x_n^*} \qquad (2\text{-}34)$$

式中　y_n、y_{n+1}——离开第 n、$n+1$ 块塔板的气相组成（摩尔分数）；

　　　x_{n-1}、x_n——离开第 $n-1$、n 块塔板的液相组成（摩尔分数）；

　　　y_n^*——与 x_n 成平衡的气相组成（摩尔分数）；

　　　x_n^*——与 y_n 成平衡的液相组成（摩尔分数）。

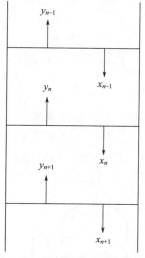

图 2-11　塔板气液流向示意图

3. 图解法求理论塔板数 N_T

图解法又称为麦卡勃-蒂列（McCabe-Thiele）法，简称 M-T 法，其使用原理与逐板计算法相同，只是在 y-x 图上将逐板计算过程直观地表示出来。

精馏段的操作线方程为：

$$y_{n+1} = \frac{R}{R+1} x_n + \frac{x_D}{R+1} \qquad (2\text{-}35)$$

式中　y_{n+1}——精馏段第 $n+1$ 块塔板上升的蒸气组成（摩尔分数）；

　　　x_n——精馏段第 n 块塔板下流的液体组成（摩尔分数）；

　　　x_D——塔顶馏出液的液体组成（摩尔分数）；

　　　R——泡点回流下的回流比。

提馏段的操作线方程为：

$$y_{m+1} = \frac{L_m'}{L_m' - W} x_m - \frac{W x_W}{L_m' - W} \qquad (2\text{-}36)$$

式中　y_{m+1}——提馏段第 $m+1$ 块塔板上升的蒸气组成（摩尔分数）；

　　　x_m——提馏段第 m 块塔板下流的液体组成（摩尔分数）；

　　　x_W——塔底釜液的组成（摩尔分数）；

　　　L_m'——提馏段内下流的液体量，kmol/s；

　　　W——釜液流量，kmol/s。

加料线（q 线）方程可表示为：

$$y = \frac{q}{q-1} x - \frac{x_F}{q-1} \qquad (2\text{-}37)$$

其中

$$q = 1 + \frac{c_{pF}(t_S - t_F)}{r_F} \qquad (2\text{-}38)$$

式中　q——进料热状况参数；

　　　r_F——进料液组成下的汽化潜热，kJ/kmol；

　　　t_S——进料液的泡点温度，℃；

t_F——进料液温度，℃；

c_{pF}——进料液在平均温度 $(t_S-t_F)/2$ 下的比热容，kJ/(kmol·℃)；

x_F——进料液组成（摩尔分数）。

回流比 R 的确定：

$$R=\frac{L}{D} \tag{2-39}$$

式中　L——回流液量，kmol/s；

　　　D——馏出液量，kmol/s。

式(2-39)只适用于泡点下回流时的情况，在实际操作时为了确保上升气流完全冷凝，冷却水量一般会比较大，往往导致回流液温度低于泡点温度，即为冷液回流。

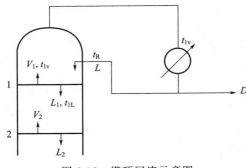

图 2-12　塔顶回流示意图

塔顶回流过程如图 2-12 所示，从全凝器流出的液体温度为 t_R，流量为 L，该液体回流进入塔顶第一块板，由于其回流温度低于第一块塔板上的液相温度，导致离开第一块塔板的一部分上升蒸气将被冷凝为液体，这样，塔内的实际流量将大于塔外回流量。

对第一块板做物料、热量衡算：

$$V_1+L_1=V_2+L \tag{2-40}$$

$$V_1 I_{V1}+L_1 I_{L1}=V_2 I_{V2}+L I_L \tag{2-41}$$

对式(2-40)、式(2-41)整理、化简后，近似可得：

$$L_1 \approx L\left[1+\frac{c_p(t_{1L}-t_R)}{r}\right] \tag{2-42}$$

即实际回流比：

$$R_1=\frac{L_1}{D} \tag{2-43}$$

$$R_1=\frac{L\left[1+\dfrac{c_p(t_{1L}-t_R)}{r}\right]}{D} \tag{2-44}$$

式中　　V_1，V_2——离开第 1、2 块板的气相摩尔流量，kmol/s；

　　　　　　L_1——塔内实际液流量，kmol/s；

I_{V1},I_{V2},I_{L1},I_L——对应 V_1、V_2、L_1、L 的焓值，kJ/kmol；

　　　　　　r——回流液组成下的汽化潜热，kJ/kmol；

　　　　　t_{1L}——第 1 块板上的液相温度；

　　　　　t_R——回流液温度；

　　　　　c_p——回流液在 t_{1L} 与 t_R 平均温度下的平均比热容，kJ/(kmol·℃)。

（1）全回流操作。在进行精馏全回流操作时，y-x 图上的对角线即为操作线，理论板数的确定如图 2-13 所示，根据塔顶、塔釜的组成，在操作线与平衡线之间作梯级，便可得到理论塔板数。

（2）部分回流操作。部分回流操作时，理论板数的确定如图 2-14 所示，图解法的主要步骤为：

① 依据物系和操作压力，在 $y\text{-}x$ 图上作出相平衡曲线，同时画出作为辅助线的对角线；

② 在 x 轴上确定出 $x=x_D$、x_F、x_W 三点，按顺序通过这三点作垂线分别交对角线于点 a、f、b；

③ 在 y 轴上确定出 $y_C=x_D/(R+1)$ 的点 c，连接 a 点与 c 点，即作出精馏段操作线；

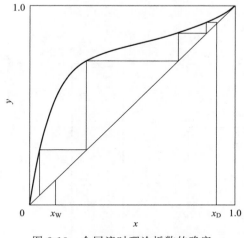

图 2-13　全回流时理论板数的确定

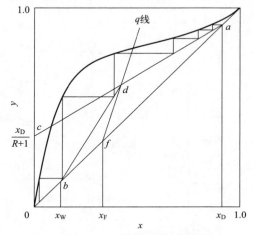

图 2-14　部分回流时理论板数的确定

④ 根据进料热状况求出 q 线的斜率 $q/(q-1)$，过点 f 作出 q 线，与精馏段操作线交于点 d；

⑤ 连接 d 点与 b 点，作出提馏段操作线；

⑥ 由 a 点开始，在平衡线和精馏段操作线之间画阶梯，当梯级跨过 d 点时，即可改在平衡线和提馏段操作线之间画阶梯，直到梯级跨过 b 点为止；

⑦ 所画的总阶梯数即为全塔所需的理论塔板数（包含再沸器），加料板就是跨过 d 点的那块板，精馏段的理论塔板数就是其上的阶梯数。

四、实验装置基本情况

本实验装置以筛板精馏塔作为主体设备，配套设备有产品出料管路、残液出料管路、加料系统、回流系统、换热系统及进料泵和一些测量、控制仪表。

筛板塔的主要结构参数：塔内径 $D=68mm$，厚度 $\delta=2.5mm$，塔节 $\phi 73mm \times 2.5mm$，塔板数 $N=12$ 块，板间距 $H_T=85mm$。加料位置由下向上起数第 5 块和第 7 块。弓形降液管，齿形堰，堰长 56mm，堰高 7.3mm，齿深 4.6mm，齿数 9 个。降液管底隙为 4.5mm。筛孔直径 $d_0=1.5mm$，呈正三角形排列，孔间距 $t=5mm$，开孔数 74 个。塔釜是内电加热式，加热功率 4.5kW，有效容积为 10L。原料预热器、回流加热器为 8 片板式蒸发器，以恒温水槽热水为热源。塔顶冷凝器为 50 层钎焊板式换热器，塔底换热器为盘管式换热器。单板取样为自下而上第 1 块、第 2 块和第 11 块、第 12 块，斜向上为液相取样口，水平管为气相取样口。

本实验以乙醇水溶液为料液，通过电加热器使釜内液体产生蒸气逐板上升，在与各板上的液体传质后，便进入盘管式换热器壳程，经冷凝为液体后再从集液器流出，其中一部分作为回流液，从塔顶流入塔内；另一部分作为馏出的产品，进入产品储罐；剩余残液经釜液转子流量计流入釜液储罐。精馏过程如图 2-15 所示。

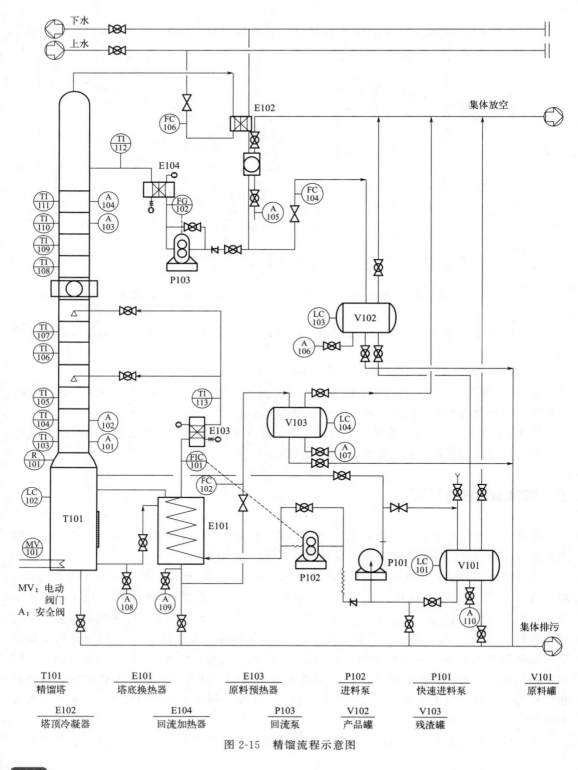

T101	E101	E103	P102	P101	V101
精馏塔	塔底换热器	原料预热器	进料泵	快速进料泵	原料罐

E102	E104	P103	V102	V103	
塔顶冷凝器	回流加热器	回流泵	产品罐	残渣罐	

图 2-15　精馏流程示意图

五、实验方法及步骤

本实验的主要操作步骤如下：

1. 实验准备

（1）配制 30L 体积分数 15％～20％的乙醇水溶液，搅拌均匀后对原料乙醇含量取样分析，在原料罐 V101 内加入料液。

（2）将恒温槽加水盖板打开，对槽内水位仔细观察，低液位时需及时补充自来水。插上恒温槽电源，开启电源总开关，按下控制面板上的"电源"按钮，将加热温度设置为 90℃。

2. 塔釜进料

开启控制柜空气开关总电源，等 3 个信号灯都亮起时，将快速进料泵进出口阀打开，启动控制柜上的快速进料泵开关，对塔釜液位计高度进行观察，进料至釜容积的 2/3 处，关闭控制柜上的快速进料泵开关，同时将快速进料泵进出口阀关闭。

3. 全回流

（1）启动控制柜上的电加热管加热开关，给定 C7012 过程控制仪上的加热管加热开度为 50％～70％，控制塔釜温度缓慢上升，确保塔中部不因加热过快导致玻璃碎裂。

（2）细致观察精馏塔塔节的温度，等塔节温度上升之后，将塔顶冷凝器的冷却水进口阀打开，将冷却水流量调节至 120L/h，在冷凝液视盅有了一定高度液位后，按下恒温槽控制面板上"循环"按钮，开启回流加热器热水进口阀，对回流液给予加热。

（3）启动控制柜上的回流料泵开关，将回流流量调节至 10L/h 左右，对回流加热器热水进口阀开度进行调节，回流温度稳定控制在 78℃左右，即可使整塔处于全回流状态。

（4）全回流保持 5min 左右，待塔顶温度、回流量及塔釜温度稳定后，分别提取塔顶浓度 x_D 和塔釜浓度 x_W 的样品，并送色谱分析仪分析。

4. 部分回流

（1）当塔全回流操作稳定后，开启进料泵进出口阀门，启动控制柜上的进料泵开关，进料量调节为 15L/h 左右。

（2）开启原料预热器热水进口阀，加热原料液。对原料预热器热水进口阀开度进行调节，确保进料温度稳定在 78℃左右（泡点进料）。

（3）当冷凝液视盅达到一定高度液位后，控制塔顶回流和出料流量，调节回流比 R（$R＝1～4$）。

（4）将塔釜残液流量计打开，调节为合适流量，确保塔釜液位基本恒定。

（5）待塔顶、塔内温度的读数以及流量都稳定时，便能进行取样。

5. 取样与分析

（1）进料、塔顶、塔釜从各相应的取样阀放出。

（2）塔板的取样，需用注射器从所测定的塔板中将液体样品缓慢抽出，取 1mL 左右注入针剂瓶中（针剂瓶事先需洗净烘干），同时对该瓶盖予以标号以避免出错，取样中各个样品应尽可能同时进行操作。

（3）对取样的样品做色谱分析。

六、实验注意事项

（1）一定要打开塔顶放空阀，否则因塔内压力过大容易导致危险。

（2）打开加热管电源前一定要确保料液加到设定液位 2/3 处，否则，电加热丝会因塔釜液位过低而露出干烧导致损坏。

（3）若实验中塔板温度发生明显偏差，是由于所测定的温度是气液混合的温度，而不是气相温度。

七、实验数据处理示例

精馏实验的原始数据记录如表 2-8～表 2-10 所示。

表 2-8 精馏实验原始数据记录（一）

项目	全回流	部分回流
加热功率/kW	3.0	3.0
冷却水流量/(L/h)	210	210
原料流量 F/(L/h)	—	4
馏出液流量 D/(L/h)	—	1.9
釜液流量 W/(L/h)	—	4.4
回流液流量 L_0/(L/h)	11.9	10.5

表 2-9 精馏实验原始数据记录（二）

塔板序号	塔板温度/℃		塔板序号	塔板温度/℃	
	全回流	部分回流		全回流	部分回流
板 1	78.4	78.2	板 9	80.0	88.2
板 2	78.6	78.7	板 10	—	—
板 3	78.7	79.1	板 11	81.4	89.4
板 4	78.8	79.7	板 12	85.6	90.2
板 5	78.9	80.7	塔釜	94.7	98
板 8	79.3	87.4			

表 2-10　精馏实验原始数据记录（三）

项目		全回流		部分回流	
		在线分析	测量分析	在线分析	测量分析
原料液	密度/(g/cm³)	—	—	—	0.950(30.8℃)
	温度/℃	—	—	25.3	—
	摩尔分数/%	—	—	13.83	13.7
塔顶液	密度/(g/cm³)	—	0.821(19.5℃)	—	0.818(21℃)
	温度/℃	28.5	—	28.7	—
	摩尔分数/%	82.88	75.9	81.63	75.8
塔釜液	密度/(g/cm³)	—	0.991(19.1℃)	—	0.996(25.2℃)
	温度/℃	91.4	—	96.5	—
	摩尔分数/%	5.72	1.7		0.2

常压下乙醇-水相平衡数据如表 2-11 所示，乙醇-水相平衡图如图 2-16 所示。

表 2-11　常压下乙醇-水相平衡数据

x	y	x	y	x	y
0	0	0.2337	0.5445	0.5732	0.6841
0.019	0.17	0.2608	0.558	0.6763	0.7385
0.0721	0.3891	0.3273	0.5826	0.7472	0.7815
0.0966	0.4375	0.3965	0.6122	0.8943	0.8943
0.1238	0.4704	0.5079	0.6564	1	1
0.1661	0.5089	0.5198	0.6599		

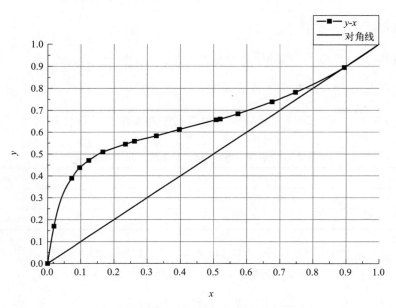

图 2-16　乙醇-水相图（常压）

全回流：

塔顶馏出液 $x_D = 0.758$，塔底釜液 $x_W = 0.017$。

通过图解法利用 Origin 在 x-y 相图上求解理论塔板数，如图 2-17 所示。

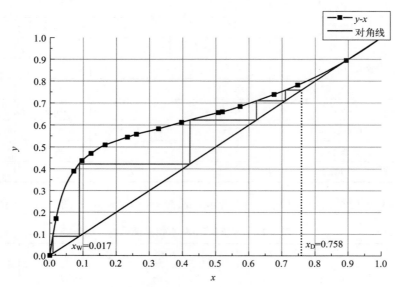

图 2-17　乙醇-水相平衡图（全回流）

得到全回流时的理论板数不足 5 块，而最后一块塔板上的相平衡点为（0.009，0.089）。

结合对角线，计算（0.089－0.017）÷（0.089－0.009）＝0.9，那么理论板数为 4.9（含再沸器）。

全塔效率　$E_T = \dfrac{N_T - 1}{N_P} = \dfrac{4.9 - 1}{12} = 32.5\%$

部分回流：

精馏段操作线：

塔顶馏出液 $x_D = 0.758$，乙醇质量分数 $W_D = \dfrac{0.758 \times 46}{0.758 \times 46 + 0.242 \times 18} = 0.889$。

塔顶液相温度 $t_D = 78.4℃$，回流液温度 $t_R = 28.7℃$，回流液流量 $L_0 = 10.5 \text{L/h}$。

平均温度 $t = \dfrac{t_D + t_R}{2} = 53.6℃$，查阅文献得到平均温度下的物性如表 2-12 所示。

表 2-12　水和乙醇在 53.6℃ 条件下的物性参数

项目	比热容/[kJ/(kg·℃)]	汽化潜热/(kJ/kg)
乙醇	2.723	846
水	4.180	2258

$$c_{pD} = 0.889 \times 2.723 + 0.111 \times 4.180 = 2.885 [\text{kJ/(kg·℃)}]$$

$$r_D = 0.889 \times 846 + 0.111 \times 2258 = 1003 (\text{kJ/kg})$$

实际回流量 $L = L_0 \left[1 + \dfrac{c_{pD}(t_D - t_R)}{r_D} \right] = 12.1 (\text{L/h})$，回流比 $R = \dfrac{L}{D} = 6.37$。

精馏段操作线方程：$y=\dfrac{R}{R+1}x+\dfrac{x_D}{R+1}=0.864x+0.103$。

加料线（q 线）：

进料液 $x_F=0.137$，乙醇质量分数 $W_F=\dfrac{0.137\times46}{0.137\times46+0.863\times18}=0.289$。

进料液温度 $t_F=25.3℃$。

进料液该浓度下，泡点温度 $t_S=84.9℃$。

平均温度 $t=\dfrac{t_S+t_F}{2}=55.1℃$，查阅文献得到平均温度下的物性如表 2-13 所示。

表 2-13 水和乙醇在 55.1℃条件下的物性参数

项目	比热容/[kJ/(kg·℃)]	汽化潜热/(kJ/kg)
乙醇	2.727	846
水	4.181	2258

$$c_{pF}=0.289\times2.727+0.711\times4.181=3.761[kJ/(kg·℃)]$$

$$r_F=0.289\times846+0.711\times2258=1850(kJ/kg)$$

$$q=1+\frac{c_{pF}(t_S-t_F)}{r_F}=1.12$$

q 线方程：
$$y=\frac{q}{q-1}x-\frac{x_F}{q-1}=9.33x-1.142$$

理论板数：

由测得的塔顶组成 x_D，塔底组成 x_W 和进料组成 x_F，以及上述得到的精馏段操作线方程和 q 线方程，利用 Origin 在 x-y 相图上作出精馏段操作线和进料线方程，再连接两者交点和（x_W，x_W）得到提馏段操作线，通过图解法求解理论塔板数，如图 2-18 所示。

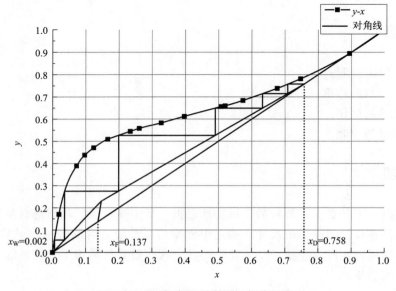

图 2-18 乙醇-水相平衡图（部分回流）

得到部分回流时的理论板数不足 7 块，而最后一块塔板上的相平衡点为（0.00084，0.0080），提馏段上的点（0.0058，0.0080）。

计算 $\dfrac{0.0058-0.002}{0.0058-0.00084}=0.8$，那么理论板数为 6.8（含再沸器）。

全塔效率 $E_T=\dfrac{N_T-1}{N_P}=\dfrac{6.8-1}{12}=48.3\%$。

八、思考题

1. 求理论板数时，为什么用图解法而不用逐板计算法？
2. 取样分析时应该注意什么？
3. 为什么取样时需要塔顶、塔釜同步进行？

实验五　洞道干燥实验

一、实验目的

1. 对洞道式干燥装置的基本结构、工艺流程和操作方法做初步了解。
2. 掌握对物料在恒定干燥条件下的干燥特性进行测定的实验方法。
3. 学习依据实验干燥曲线求取干燥速率曲线和恒速阶段干燥速率以及临界含水量、平衡含水量的实验方法。
4. 通过实验，对干燥条件对于干燥过程特性的影响进行研究。
5. 掌握孔板流量计、皮托管流量计测量风量的原理及计算方法。

二、实验内容

1. 干燥室温度控制。
2. 干燥室物料的称重。
3. 干燥流量的操作。
4. 回流流量的控制。

三、实验原理

给定干燥条件下的被干燥物料的干燥特性数据包括干燥速率、临界湿含量和平衡湿含量等，这些数据是在设计干燥器的尺寸或确定干燥器的生产能力时的最基本的技术依据参数。被干燥物料的性质在实际生产中千变万化，因此，大多数具体的被干燥物料的干燥特性数据往往需要通过实验来测定。

干燥过程一般分为恒定干燥条件操作和非恒定干燥条件操作两大类，其分类依据是干燥过程中空气状态参数是否变化。若干燥少量物料时使用了大量空气，即可认定在干燥过程中湿空气的温度、湿度都不变，同时气流速度和与物料的接触方式也都不变，即可将这种操作称为恒定干燥条件下的干燥操作。

1. 干燥速率的定义

干燥速率是指在单位干燥面积（即提供湿分汽化的面积）、单位时间内所除去的湿分质量，即

$$U = \frac{dW}{A\,d\tau} = -\frac{G_c\,dX}{A\,d\tau} \tag{2-45}$$

式中　U——干燥速率，又称干燥通量，$kg/(m^2 \cdot s)$；

$\quad\quad A$——干燥表面积，m^2；

$\quad\quad W$——汽化的湿分量，kg；

$\quad\quad \tau$——干燥时间，s；

$\quad\quad G_c$——绝干物料质量，kg；

$\quad\quad X$——物料湿含量，kg 湿分/kg 干物料。

负号表示物料湿含量随干燥时间的增加而减少。

2. 干燥速率的测定方法

实验中将湿物料试样放置到恒定空气流中进行干燥，适当延长干燥时间，随着水分的不断汽化，湿物料的质量会相应减少。在不同时间下记录物料质量 G，直至物料质量不再变化为止，即在该条件下物料已达到干燥极限，此时，物料中依然留存的水分就称为平衡水分 X^*。然后对物料进行烘干再称重，即可得到绝干物料质量 G_c，那么物料瞬间含水率 X 即为

$$X = \frac{G - G_c}{G_c} \tag{2-46}$$

通过计算得出每一时刻的瞬间含水率 X，再用 X 对干燥时间 τ 作图，得到恒定干燥条件下的干燥曲线，如图 2-19 所示。

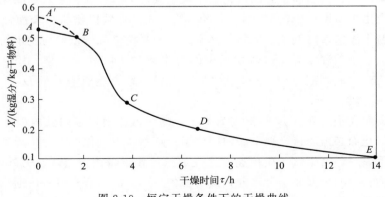

图 2-19　恒定干燥条件下的干燥曲线

以上干燥曲线还可通过变换获得干燥速率曲线。按已由实验测试获得的干燥曲线求出不

同 X 下的斜率 $\dfrac{\mathrm{d}X}{\mathrm{d}\tau}$，再根据式(2-45) 计算获得干燥速率 U，用 U 对 X 作图，即得到干燥速率曲线，如图 2-20 所示。

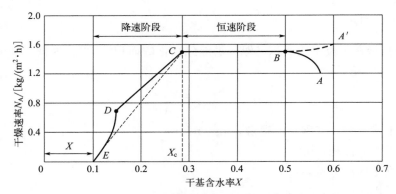

图 2-20　恒定干燥条件下的干燥速率曲线

3. 干燥过程分析

预热段见图 2-19、图 2-20 中的 AB 段或 $A'B$ 段。在预热段中的物料，会稍稍降低含水率，其温度则会降至或升至湿球温度 t_w，同时其干燥速率可能也会随之呈下降趋势变化或上升趋势变化。因预热段这一过程的时间相对很短，在干燥计算中往往忽略不计，而有些干燥过程中甚至没有预热段。

恒速干燥阶段见图 2-19、图 2-20 中的 BC 段。物料在该段中所含水分不断汽化，其含水率会持续下降。在恒定干燥条件下，物料表面一直保持为湿球温度 t_w，传质推动力一直不变，故干燥速率也恒定不变，这是因为这一阶段去除的是物料表面附着的非结合水分，其水分去除的机理与纯水的相同。因此，在图 2-20 中，BC 段为一段水平直线。

在物料的干燥过程中总会有恒速阶段，只要物料表面能够保持足够的湿润，此时物料表面水分的汽化速率将决定该段的干燥速率大小，也就是取决于物料外部的空气干燥条件。因此，也将该阶段称为表面汽化控制阶段。

降速干燥阶段，物料表面水分的汽化速率大于其内部水分迁移至表面的速度，这时，在物料表面局部会出现所谓"干区"，而"干区"的出现，导致以物料总表面计算的干燥速率降低。尽管此时干燥速率降低了，但物料其余表面的平衡蒸气压依然与纯水的饱和蒸气压相同，传质推动力也仍为湿度差。这时物料中的含水率称为临界含水率，用 X_c 表示，对应图 2-20 中的 C 点，即为临界点。经 C 点之后，干燥速率会逐渐降低至 D 点，C 至 D 阶段即称为降速第一阶段。

物料全部表面在干燥到点 D 时都成为干区，物料汽化面逐渐向其内部移动，汽化所需的热量传导到汽化面必须通过已被干燥的固体层；从物料中汽化的水分传导到空气主流中也必须通过这层干燥层。由于热、质传递的途径加长导致干燥速率下降。另外，干燥到 D 点之后，已除尽物料中的全部非结合水分，接下去各种形式的结合水也将逐渐汽化。随之，平衡蒸气压也会渐渐下降，传质推动力渐次减小，干燥速率因此快速降低，直至速率降为零，此时到达 E 点。此阶段即称为降速第二阶段。

因物料内部的结构差异会影响降速阶段干燥速率曲线的形状，上面所描述的曲线 CDE

形状未必都会呈现。某些多孔性物料的干燥速率曲线似乎只有 CD 段，其降速两个阶段的界限也不是很明显；对于汽化只在表面进行的某些无孔性吸水物料，固体内部水分的扩散速率决定了干燥速率，因而，其降速阶段只有与 DE 段相似的曲线。

降速阶段与恒速阶段相比，从物料中被除去的水分量会相对少许多，而干燥时间却要长得多。总之，物料本身结构、形状和尺寸决定了降速阶段的干燥速率，而干燥介质状况与其关系不大，因此，降速阶段又被称为物料内部迁移控制阶段。

4. 皮托管流量计的测定原理及计算方法

18 世纪法国工程师 H. 皮托发明了皮托管流量计，其是一种差压式流量计，具有安装简便、不需维护、节能、耐高温高压、测量精度高、测量范围广、适用范围广等特点。其应用主要为先使用皮托管测量压力，再按伯努利定理计算出气流的速度。皮托管流量计的工作原理是先测量皮托管内高、低压分布区之间的压力差，然后结合压力、温度等参数，将流体的实时流速推算出来，即可换算出管道内的流量。

在皮托管迎风面流体会形成一个高压区，同时，流体在皮托管侧面也会形成一个低压区，管道中的静压即等于低压区的压力。迎风面取压孔与侧面取压孔分别为高压取压孔和低压取压孔，气体的动能转换而来的动压差 Δp 即为此两者之间的压力差，进行测量时需使用微压差计。管道内流体流速与 Δp 的平方根成线性关系，流体的点速可由此线性关系结合实时采集的被测介质的压力、温度推算出来，管道的瞬时工况流量与标况流量可由点速求取管道内的平均流速换算导出。

管道内流体的点速度

$$u_c = \sqrt{\frac{2\Delta p}{\rho}} \tag{2-47}$$

将皮托管置于管道中心，上式测出的为管中心点速，在湍流状态下，管内平均流速近似由下式计算：

$$u_b = 0.817 u_c \tag{2-48}$$

管道内流体流量 Q

$$Q = \frac{\pi}{4} d^2 u_b \tag{2-49}$$

皮托管使用注意事项：

(1) 应在流体的均匀流段放置测速管；

(2) 流动方向与内管管口截面必须垂直，误差控制于 5°以内；

(3) 应有超常规的直管段距离在测量点的上下游，直管段至少不低于 8～12 倍直径长；

(4) 当测速管的压差读数太小时，需配备微压计使用；

(5) 因对流体的阻力较小，测速管适用于测量大直径管道中的清洁气体的流速，若流体中含有大颗粒杂质、焦油、灰尘，会将测压孔堵塞，此时不适宜采用测速管。

四、实验装置基本情况

1. 装置流程

干燥装置流程如图 2-21 所示。通过鼓风机将空气送入电加热器加热，然后流入干燥室

化工专业基础实验

将干燥室料盘中的湿物料加热后，由排出管道循环至鼓风机或排入大气中。在干燥过程的进行中，通过称重传感器将湿物料质量转化为电信号，并用智能数显仪表做相应记录。由2个累时器交替计时干燥时间。

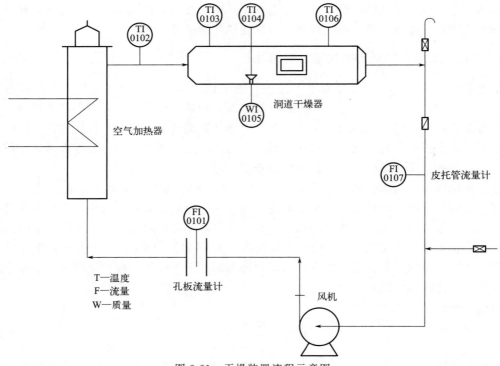

图 2-21　干燥装置流程示意图

2. 主要设备及仪器

（1）鼓风机：型号 YYF7112，380V；

（2）电加热器：额定功率 4.5kW；

（3）干燥室：190mm×190mm×1250mm；

（4）空气加热器：ϕ190mm×1100mm；

（5）干燥物料：湿毛毡或湿砂；

（6）称重传感器：L6J8 型，0～1000g。

五、实验方法及步骤

（1）将托盘放置好，打开总电源开关和仪表电源开关。

（2）将鼓风机进口蝶阀打开，循环风蝶阀、排空蝶阀均半开，打开风机电源开关，在 C7000 仪表上将风机开度设置为 80%。打开干燥室加热电源开关，在 C7000 仪表上将加热管开度设置为 75%。将一定量水加入干燥室后背的湿漏斗中，对干燥室内的干球温度、湿球温度给予关注，经半小时左右预热，直至干燥室温度（干球温度）按要求达到恒定温度（例如 70℃）。

（3）将一定量的水加入毛毡并使其均匀润湿，注意保证水量不能太多或太少。

（4）在干燥室温度恒定于70℃之后，在称重传感器上将湿毛毡十分小心地放置好。特别要注意，因称重传感器的测量上限仅为500g，放置毛毡时一定不能用力下压，用力过大极易造成称重传感器损坏。

（5）对实验数据做相应记录，由2个累时器交替计干燥时间（操作方法：按压累时器1的累时按钮，使累时器1开始计时，2min后，再次按压累时器1累时按钮，使累时器1停止计时时；累时器1停止计时的同时按压下累时器2的累时按钮，使累时器2开始计时，确保实验干燥的连续性）。实验数据每2min记录一次，需记录的数据主要有：质量数据、风机出口流量、循环风微差压计读数、干燥室入口空气温度、风机出口温度、干燥室室前干球温度、干燥室室前湿球温度及干燥室室后干球温度。数据记录完成后，按压累时器复位按钮，对累时器内时间进行复位。

（6）当毛毡达到恒重时，实验即为终了，将干燥室加热电源开关和风机电源开关关闭，然后取下毛毡，务必小心操作，注意对称重传感器进行保护。

（7）将仪表电源关闭，断开总电源，对实验设备进行清理。

六、实验注意事项

（1）风机必须先开，加热器后开，否则可能会烧坏加热管（通常系统里已经设置为风机未启动时，无法开启干燥室加热电源）。

（2）特别注意放取毛毡时必须十分小心，因传感器的负荷量仅为500g，不能做丝毫下压，以免称重传感器损坏。

（3）实验进行的过程中，对装置面板不要拍打、碰触，避免因此引起料盘晃动而影响实验结果。

七、实验数据处理示例

洞道干燥实验的原始数据记录如表2-14所示。

表 2-14　洞道干燥实验原始数据记录

序号	干燥时间 τ/min	床层质量/kg	床层温度 t/℃
1	2.0021	0.8872	28.87
2	4.0029	0.8475	28.87
3	6.0037	0.8468	28.75
4	8.0045	0.8225	29.75
5	10.0053	0.8208	30.19
6	12.0061	0.7944	30.50
7	14.0069	0.7636	30.81
8	16.0076	0.7571	31.37
9	18.0084	0.7238	31.50
10	20.0092	0.7043	31.94

序号	干燥时间 τ/min	床层质量/kg	床层温度 t/℃
11	22.0100	0.7039	32.68
12	24.0108	0.6646	33.18
13	26.0115	0.6586	33.81
14	28.0123	0.6358	35.00
15	30.0131	0.6156	36.56
16	32.0139	0.5985	39.56
17	34.0147	0.5841	42.31
18	36.0148	0.5831	44.75
19	38.0148	0.5700	47.56
20	40.0149	0.5559	50.25
21	42.0150	0.5474	52.37
22	44.0151	0.5433	54.19
23	46.0151	0.5383	55.75
24	48.0152	0.5310	56.94
25	50.0153	0.5298	57.62
26	52.0153	0.5292	58.18
27	54.0154	0.5283	58.68
28	56.0155	0.5267	58.75
29	58.0155	0.5252	58.18
30	60.0156	0.5240	58.4994

数据处理过程：

本实验中，当压差不变时，认为物料到干燥状态，$G_c = 0.52$kg。由式(2-46)得

$$X_1 = \frac{G_1 - G_c}{G_c}$$

$$= (0.8872 - 0.52) \div 0.52 = 0.7062$$

同上，计算 X_2、X_3、X_4……得到干燥实验的数据处理结果，如表 2-15 所示。

表 2-15 洞道干燥实验数据处理结果记录

序号	干燥时间 τ/min	床层质量 /kg	床层温度 t/℃	物料湿含量 X/(kg/kg)
1	2.0021	0.8872	28.87	0.7062
2	4.0029	0.8475	28.87	0.6298
3	6.0037	0.8468	28.75	0.6285
4	8.0045	0.8225	29.75	0.5817
5	10.0053	0.8208	30.19	0.5785
6	12.0061	0.7944	30.50	0.5277
7	14.0069	0.7636	30.81	0.4685

序号	干燥时间 τ/min	床层质量 $/\text{kg}$	床层温度 $t/℃$	物料湿含量 $X/(\text{kg/kg})$
8	16.0076	0.7571	31.37	0.4560
9	18.0084	0.7238	31.50	0.3919
10	20.0092	0.7043	31.94	0.3544
11	22.0100	0.7039	32.68	0.3537
12	24.0108	0.6646	33.18	0.2781
13	26.0115	0.6586	33.81	0.2665
14	28.0123	0.6358	35.00	0.2227
15	30.0131	0.6156	36.56	0.1838
16	32.0139	0.5985	39.56	0.1510
17	34.0147	0.5841	42.31	0.1233
18	36.0148	0.5831	44.75	0.1213
19	38.0148	0.5700	47.56	0.0962
20	40.0149	0.5559	50.25	0.0690
21	42.0150	0.5474	52.37	0.0527
22	44.0151	0.5433	54.19	0.0448
23	46.0151	0.5383	55.75	0.0352
24	48.0152	0.5310	56.94	0.0212
25	50.0153	0.5298	57.62	0.0188
26	52.0153	0.5292	58.18	0.0177
27	54.0154	0.5283	58.68	0.0160
28	56.0155	0.5267	58.75	0.0129
29	58.0155	0.5252	58.18	0.0100
30	60.0156	0.5240	58.4994	0.0077

画干燥时间与物料湿含量的曲线，如图 2-22 所示。

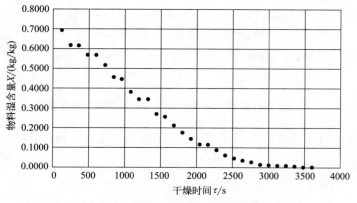

图 2-22　干燥时间与物料湿含量曲线

由已测得的干燥曲线求出不同 X 下的斜率 $\dfrac{\mathrm{d}W}{\mathrm{d}t}$，再由式（2-45）计算得到干燥速率 U，将 U 对 X 作图，就是干燥速率曲线，其中，

$$U = \frac{\mathrm{d}W}{A\mathrm{d}t} = -\frac{G_c\mathrm{d}x}{A\mathrm{d}t}$$

$$U_1 = \frac{\mathrm{d}W}{A\mathrm{d}t} = -\frac{G_c\mathrm{d}X}{A\mathrm{d}t} = -\frac{G_c(X_2-X_1)}{A\mathrm{d}t} = -\frac{0.52\times(0.7062-0.6298)}{0.04\times120} = 0.0083[\mathrm{g/(m^2 \cdot s)}]$$

同上，计算 U_2、U_3、U_4……得到干燥实验的数据处理结果，结合曲线，得到：

恒速段 $X_i = -0.0003X + 0.706$；降速段 $X_i = 4\times10^{-8}X^2 - 0.0003X + 0.5367$。

恒速段曲线和降速段曲线如图 2-23 所示。

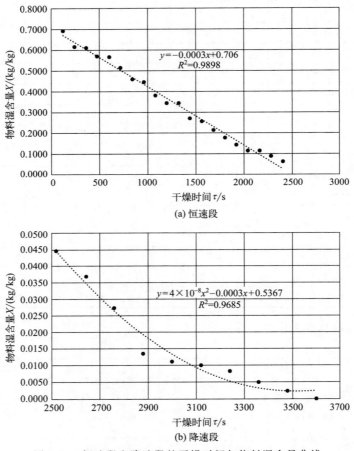

图 2-23　恒速段和降速段的干燥时间与物料湿含量曲线

此实验中，绝干物料的质量 G_c 为 0.52kg，干燥面（毛毡）长为 0.2m、宽 0.1m，面积 A 为 $2\times(0.2\times0.1) = 0.04\mathrm{m^2}$。

恒速段 $U = -0.52\div0.04\times(-0.0003) = 0.039[\mathrm{kg/(m^2 \cdot s)}]$

降速段 $U = -0.52\div0.04\times(8\times10^{-8}t - 0.003)[\mathrm{kg/(m^2 \cdot s)}]$

计算结果如表 2-16 所示。

表 2-16 干燥实验计算结果汇总

序号	干燥时间 $\tau/\min$	干燥时间 τ/s	床层质量 /kg	床层温度 $t/℃$	物料湿含量 $X/(\text{kg/kg})$	计算干燥速率 $U_1/[\text{kg/(m}^2 \cdot \text{s})]$	干燥速率 $U_2/[\text{kg/(m}^2 \cdot \text{s})]$
1	2.0021	120	0.8872	28.87	0.7062		0.0039
2	4.0029	240	0.8475	28.87	0.6298	0.0083	0.0039
3	6.0037	360	0.8468	28.75	0.6285	0.0001	0.0039
4	8.0045	480	0.8225	29.75	0.5817	0.0051	0.0039
5	10.0053	600	0.8208	30.19	0.5785	0.0004	0.0039
6	12.0061	720	0.7944	30.5	0.5277	0.0055	0.0039
7	14.0069	840	0.7636	30.81	0.4685	0.0064	0.0039
8	16.0076	960	0.7571	31.37	0.4560	0.0014	0.0039
9	18.0084	1081	0.7238	31.5	0.3919	0.0069	0.0039
10	20.0092	1201	0.7043	31.94	0.3544	0.0041	0.0039
11	22.01	1321	0.7039	32.68	0.3537	0.0001	0.0039
12	24.0108	1441	0.6646	33.18	0.2781	0.0082	0.0039
13	26.0115	1561	0.6586	33.81	0.2665	0.0013	0.0039
14	28.0123	1681	0.6358	35.00	0.2227	0.0047	0.0039
15	30.0131	1801	0.6156	36.56	0.1838	0.0042	0.0039
16	32.0139	1921	0.5985	39.56	0.1510	0.0036	0.0039
17	34.0147	2041	0.5841	42.31	0.1233	0.0030	0.0039
18	36.0148	2161	0.5831	44.75	0.1213	0.0002	0.0039
19	38.0148	2281	0.57	47.56	0.0962	0.0027	0.0039
20	40.0149	2401	0.5559	50.25	0.0690	0.0029	0.0039
21	42.015	2521	0.5474	52.37	0.0527	0.0018	1.2783×10^{-3}
22	44.0151	2641	0.5433	54.19	0.0448	0.0009	1.1535×10^{-3}
23	46.0151	2761	0.5383	55.75	0.0352	0.0010	1.0287×10^{-3}
24	48.0152	2881	0.531	56.94	0.0212	0.0015	9.0385×10^{-4}
25	50.0153	3001	0.5298	57.62	0.0188	0.0002	7.9905×10^{-4}
26	52.0153	3121	0.5292	58.18	0.0177	0.0001	6.5425×10^{-4}
27	54.0154	3241	0.5283	58.68	0.0160	0.0002	5.2944×10^{-4}
28	56.0155	3361	0.5267	58.75	0.0129	0.0003	4.0463×10^{-4}
29	58.0155	3481	0.5252	58.18	0.0100	0.0003	2.7983×10^{-4}
30	60.0156	3601	0.5240	58.4994	0.0077	0.0002	1.5503×10^{-4}

绘制干燥速率曲线，如图 2-24 所示。

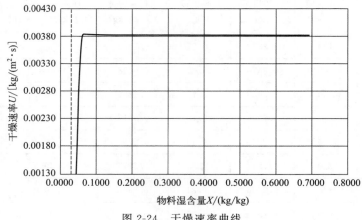

图 2-24　干燥速率曲线

八、思考题

1. 恒定干燥条件是什么？在本实验装置中，采取了哪些措施来保证干燥过程在恒定干燥条件下进行？
2. 对恒速干燥阶段速率进行控制的因素是什么？对降速干燥阶段干燥速率进行控制的因素又是什么？
3. 先启动风机，再启动加热器的原因是什么？干、湿球温度计在实验过程中是否变化？为什么？对实验结束是如何进行判断的？
4. 如果对热空气流量进行加大，干燥速率曲线如何变化？恒速干燥速率、临界湿含量又有何变化？为什么？

实验六　液液传质实验

一、实验目的

1. 熟悉使用路易斯池测定液液传质系数的实验方法。
2. 测定水和乙酸乙酯中醋酸的传质系数。
3. 探讨液液传质速率受流动状态及物系性质的影响。

二、实验内容

1. 对各相浓度随时间的变化关系进行测定，求得传质系数；
2. 通过搅拌强度的改变，对传质系数进行测定，并将搅拌速度与传质系数的关系进行关联；

3. 通过酸碱滴定法对酯相和水相醋酸的含量 C_o、C_w 进行测定。

三、实验原理

在萃取过程中，人们十分关心的问题主要是实际萃取设备效率的高低，以及如何才能提高它的效率。对这些问题的解决，必须对影响传质速率的因素和规律进行研究，以及对传质过程的机理进行探讨。最近几十年以来，人们虽已研究了两相接触面的动力学状态，相界面对传递过程的阻力和物质通过界面的传递机理等问题，但因液液传质这一过程的高度复杂性，相当多的问题还没有取得满意的解答，只能借助于实验的方法或凭经验来处理很多工程问题。这些都说明还需进一步研究传质的基本理论。

到目前为止，多以经典的双膜模型为基础对传质方面进行研究，自1923年 Whitman 提出双膜理论后，传质基础理论的研究已达几十年。众多的理论研究大体可分为流体力学传质理论、经验型传质理论和界面非平衡理论等。目前，在研究传质速率和传质控制步骤方面基本有以下数种不同的研究方法，如液滴法、充分混合法、中空纤维膜法、旋转扩散池法、快速接触法和恒界面法等。而作为一种研究手段，不仅要对实验结果的可靠性、重现性和操作的方便性进行考虑，还要考虑传质过程中稳定的界面层的重要性。因此，相比较而言，具有更大优势的恒界面池法，更适合做传质动力学方面的研究。

在工业设备中进行的萃取，常将一种液相以滴状分散于另一液相中。而在流体流经内部构件如填料、筛板等时，会导致两相的高度分散及强烈湍动，传质过程与分子扩散差别大，再加上流体的轴向返混、液滴的凝聚与分散等问题，使得两相实际接触面积、传质推动力等影响传质速率的主要因素，都很难加以确定。因此，在实验研究中，一般会分解过程，处理时采用理想化和模拟的方法。

Lewis 于1954年提出一种研究方法——恒界面池法，已成为目前研究传质动力学和界面现象的经典方法。在给定界面面积的情况下，Lewis 池装置具有分别控制两相搅拌强度的特点，能够造成一个界面无返混、相内全混的理想流动状况，因而显著地改善了设备内的流体力学条件及相际接触面积对测定传质系数的影响。许多研究者采用这种方法，并且对其不断地改进。本实验也是采用一种 Lewis 池的改进型进行实验。当实验在恒定温度及给定的搅拌速度下，利用 Lewis 池具有恒定界面的特点，测定出各相浓度随时间的变化关系，就可方便地通过物料衡算及速率方程获得传质系数。

$$r = \frac{V_w dC_w}{A dt} = -\frac{V_o dC_o}{A dt} = K_w(C_w^* - C_w) = K_o(C_o - C_o^*) \tag{2-50}$$

$$\frac{V_w dC_w}{A dt} = K_w(C_w^* - C_w)$$

$$-\frac{V_o dC_o}{A dt} = K_o(C_o - C_o^*)$$

式中　V_w，V_o——t 时刻水相和有机相的体积；

　　　　A——界面面积；

　　K_w，K_o——以溶质在水相和有机相中的浓度表示的总传质系数；

　　　　C_w^*——与溶质在有机相的浓度成平衡的水相中的浓度；

C_o^*——与溶质在水相的浓度成平衡的有机相中的浓度。

若平衡分配系数能近似取常数，则

$$C_w^* = \frac{C_o}{m}, \quad C_o = mC_w^* \tag{2-51}$$

式（2-50）中 dC/dt 的值，可将实验数据进行拟合，再求导得到。

若将式（2-50）中的 C_w^* 和 C_o^* 分别替换为系统达到平衡时的水相浓度 C_w^e 及有机相浓度 C_o^e，则对式（2-50）积分可得：

$$K_w = \frac{V_w}{At}\int_{C_w(0)}^{C_w(t)} \frac{dC_w}{C_w^e - C_w} = \frac{V_w}{At}\ln\frac{C_w^e - C_w(0)}{C_w^e - C_w(t)} \tag{2-52}$$

$$K_o = \frac{V_o}{At}\int_{C_o(0)}^{C_o(t)} -\frac{dC_o}{C_o - C_o^e} = \frac{V_o}{At}\ln\frac{C_o^e - C_o(0)}{C_o^e - C_o(t)} \tag{2-53}$$

以 $\ln\dfrac{C^e - C(0)}{C^e - C(t)}$ 对 t 作图从斜率可获得传质系数。

四、实验装置基本情况

液液传质实验装置如图 2-25 所示，本实验所用的 Lewis 池由内径为 9.4cm，高为

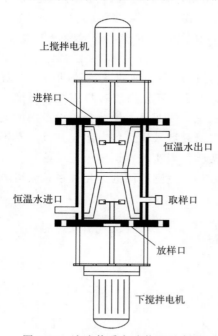

图 2-25　液液传质实验装置示意图

18cm，壁厚为 5mm 的玻璃圆筒构成。用聚四氟乙烯制成中间的界面环，界面接触面积通过改变不同界面环上开孔数目来控制。池被界面环分割成两隔室。互相独立的六叶搅拌桨安装在两隔室的中间部位，将四叶中央辐射挡板安装在搅拌桨的四周，其作用在于降低由较高搅拌强度造成的界面扰动。由两个直流电机分别带动两搅拌桨，同时装有可控调速装置，调整转速更加方便。经高位槽将两液相的加料注入池内，通过上法兰的取样口进行取样。为调节和控制池内两相的温度，需另设恒温夹套。

图中标注：上搅拌电机、进样口、恒温水出口、恒温水进口、取样口、放样口、下搅拌电机

五、实验方法及步骤

（1）开启恒温水浴锅，调节温度至 25℃。将水浴锅中实验所需的水和乙酸乙酯水浴调至所需温度。

（2）在玻璃反应釜界面环的中心线位置加入纯水，再将乙酸乙酯缓缓加入至折流挡板上边缘位置，将加入玻璃釜的纯水和乙酸乙酯的质量分别记录下来。

（3）开启并调节两个搅拌桨至同一转速，进行约 30min 搅拌，待两相互相饱和且温度稳定后，再将一定量已知质量的醋酸由高位槽加入。计时在醋酸加入后开始。

（4）每隔一定时间（10min 左右）于锥形瓶中取已知质量水相试样，用 0.01mol/L 左

右 NaOH 溶液进行滴定，对 NaOH 溶液的消耗量进行记录。利用 NaOH 溶液的消耗量计算出水相中的醋酸浓度，通过差量法求得乙酸乙酯中的醋酸浓度。

（5）依据不同时刻两相中醋酸的浓度，按式（2-52）、式（2-53）分别计算两相的传质系数。

六、实验注意事项

（1）切记不要将两相位置颠倒，即加料时将较重的一相先加入，再调节界面环中心线的位置和液面重合，然后将第二相加入。加入第二相时务必小心，一定要避免产生界面扰动。如果每次取样量较多，可在加样时将水相加至界面环中心位置偏上。

（2）为确保整个过程处于同一流动条件下，加入溶质前，需将实验所需的转速预先调节好。

（3）在每次实验结束后，需将实验介质放掉，并将反应釜用清水搅拌清洗 1～2 次。

七、实验数据处理示例

（1）实验所用物系有关物性和平衡数据如表 2-17 和表 2-18 所示。

表 2-17　纯物系性质

物系	黏度 $\mu \times 10^5 /(Pa \cdot s)$	表面张力 $\sigma /(N/m)$	密度 $\rho /(g/mL)$
水	100.42	72.67	0.998
醋酸	130.0	23.90	0.1049
乙酸乙酯	48.0	24.18	0.901

表 2-18　25℃醋酸在水相与酯相中的平衡浓度（质量分数）

酯相/%	0.0	2.50	5.77	7.63	10.17	14.26	17.73
水相/%	0.0	2.90	6.12	7.95	10.13	13.82	17.25

（2）液液传质实验数据如表 2-19 所示。

表 2-19　液液传质实验数据列表示例

温度 $T/℃$		转速/(r/min)		界面面积 A/m^2		$C(NaOH)/(mol/L)$				
酯相质量 m/g					酯相体积 V/m^3					
水相质量 m/g					水相体积 V/m^3					
醋酸质量 m/g					物质的量 n/mol					
序号	时间 t/min	取样量 /g	碱液体积/mL	$C_w(t)$ /(mol/L)	$C_o(t)$ /(mol/L)	$C_w^e(t)$ /(mol/L)	$C_o^e(t)$ /(mol/L)	起始浓度 $C_o(0)$ /(mol/L)	$\ln \dfrac{C_w^e}{C_w^e - C_w(t)}$	$\ln \dfrac{C_o^e - C_o(0)}{C_o^e - C_o(t)}$
1										
2										

续表

序号	时间 $t/\min$	取样量 /g	碱液体积/mL	$C_w(t)$ /(mol/L)	$C_o(t)$ /(mol/L)	$C_w^e(t)$ /(mol/L)	$C_o^e(t)$ /(mol/L)	起始浓度 $C_o(0)$ /(mol/L)	$\ln\dfrac{C_w^e}{C_w^e-C_w(t)}$	$\ln\dfrac{C_o^e-C_o(0)}{C_o^e-C_o(t)}$
3										
4										
5										
6										

氢氧化钠溶液标定方法：

① 0.1mol/L 氢氧化钠溶液的配制。于烧杯中粗称 4g NaOH，将新煮沸放冷的蒸馏水加入，然后搅拌、溶解并稀释至 1000mL。

② 0.1mol/L 氢氧化钠溶液的标定。取 105～110℃ 干燥至恒重的邻苯二甲酸氢钾基准试剂约 0.3g，精密称量（精确至万分位）后置于 250mL 锥形瓶中。加入蒸馏水 50mL，通过振摇使其完全溶解，再加入 10g/L 酚酞指示剂（酚酞指示剂用 95％乙醇配制）2 滴，使用 0.1mol/L NaOH 标准溶液滴定至溶液由无色变为红色（30s 不褪色）即终点。同时做平行实验及空白实验。

0.1mol/L 氢氧化钠溶液的准确浓度为：$C=\dfrac{m}{(V_1-V_2)\times 0.204}$

式中　m——邻苯二甲酸氢钾的质量，g；

V_1——滴定邻苯二甲酸氢钾消耗的 NaOH 溶液的体积，mL；

V_2——空白实验消耗的 NaOH 溶液的体积，mL。

（3）数据计算结果如表 2-20～表 2-22 所示，曲线拟合结果如图 2-26 所示。

表 2-20　液液传质实验数据计算结果（一）

加入醋酸质量	加入水相质量	加入酯相质量	氢氧化钠浓度
24.8447g	551.1g	501.8g	0.0935mol/L

表 2-21　液液传质实验数据计算结果（二）

时间 /min	取样质量 /g	氢氧化钠体积 /mL	水相醋酸浓度 /(mol/L)	酯相醋酸物质的量 /mol	酯相醋酸浓度 /(mol/L)	水相平衡浓度 /(mol/L)	酯相平衡浓度 /(mol/L)
5	1.0703	0.55	0.047951182	0.388003076	0.690617882	0.681957028	0.048560162
10	1.1158	1	0.083628787	0.368602038	0.656085414	0.647857622	0.084690872
15	0.9683	1.2	0.115641433	0.351193959	0.62510027	0.617261055	0.11711008
20	1.0885	1.6	0.137161966	0.33949136	0.604270478	0.596692483	0.138903923
25	1.1295	1.8	0.148705976	0.333213871	0.593096993	0.585659122	0.150594542
30	1.0532	1.9	0.168339062	0.322537643	0.574094066	0.566894506	0.170476968

表 2-22　液液传质实验数据计算结果（三）

$C_o(0)$	$\ln\dfrac{C_w^*}{C_w^*-C_w(t)}$	$\ln\dfrac{C_o^*-C_o(0)}{C_o^*-C_o(t)}$
0.737029985	0.072908472	0.069793281

续表

$C_o(0)$	$\ln\dfrac{C_w^*}{C_w^*-C_w(t)}$	$\ln\dfrac{C_o^*-C_o(0)}{C_o^*-C_o(t)}$
0.737029985	0.138211047	0.132484601
0.737029985	0.207449932	0.199128147
0.737029985	0.261196524	0.250976153
0.737029985	0.292911945	0.281616586
0.737029985	0.352326609	0.339104011

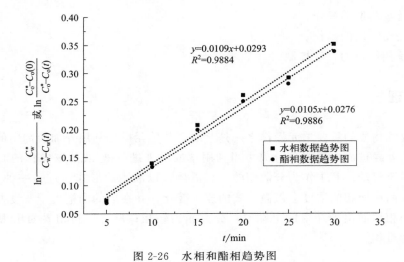

图 2-26　水相和酯相趋势图

八、思考题

1. 研究液液传质系数的原因是什么？
2. 理想化液液传质系数实验装置特点有哪些？
3. 实际工业设备设计中用到由刘易斯池测定的液液传质系数还应考虑哪些因素？
4. 液液传质系数是如何受物系性质影响的？
5. 依据物性数据表，确定产生界面湍动是因为醋酸向哪一方向的传递，并说明原因。

实验七　萃取综合实验

一、实验目的

1. 熟悉转盘萃取塔和振动萃取塔的基本结构与操作方法，并了解萃取的工艺流程。
2. 通过观察在转盘转速变化时萃取塔内轻、重两相的流动状况，了解影响萃取操作的主要因素，研究萃取过程所受萃取操作条件（转盘转速）的影响。

3. 通过观察振动频率变化时萃取塔内轻、重两相流动状况，了解影响萃取操作的主要因素，研究萃取过程所受萃取操作条件（振动频率）的影响。

4. 学习并掌握每米萃取高度的传质单元数 N_{OR}、传质单元高度 H_{OR} 以及萃取率 η 的实验测定方法。

5. 学习并掌握使用化学滴定法测定原料液、萃取液及萃余液浓度的方法。

二、实验内容

1. 进行转盘萃取的操作。
2. 进行振动萃取的操作。
3. 对轻重相料位的自动控制。

三、实验原理

分离和提纯物质的重要单元操作之一是萃取，此单元操作利用外加溶剂中的混合物各个组分溶解度的差异进而实现组分分离。当利用萃取塔来进行液-液萃取操作的时候，在塔内两种液体做逆流流动，其中作为分散相的一相液体，以液滴的形式通过另一种连续相液体，则在设备内，两种液相的浓度会做微分式的连续变化，并在塔的两端由于密度差实现两液相间的分离。当相界面出现在塔的上端时，分散相为轻相；反之，当相界面出现在塔的下端时，分散相为重相。

1. 传质单元法的计算

主要采取传质单元法计算微分逆流萃取塔的塔高。也就是以传质单元数和传质单元高度来表征，过程分离程度的难易由传质单元数来表示，设备传质性能的好坏由传质单元高度来表示。

$$H = H_{OR} N_{OR} \tag{2-54}$$

式中　H——萃取塔的有效接触高度，m；

H_{OR}——以萃余相为基准的总传质单元高度，m；

N_{OR}——以萃余相为基准的总传质单元数，无量纲。

按定义，N_{OR} 计算式为

$$N_{OR} = \int_{x_R}^{x_F} \frac{\mathrm{d}x}{x - x^*} \tag{2-55}$$

式中　x_F——原料液的组成，kgA/kgS；

x_R——萃余相的组成，kgA/kgS；

x——塔内某截面处萃余相的组成，kgA/kgS；

x^*——塔内某截面处与萃取相平衡的萃余相组成，kgA/kgS。

当萃余相浓度较低时，平衡曲线可以近似为过原点的直线，操作线也相应简化为直线处理，如图 2-27 所示。

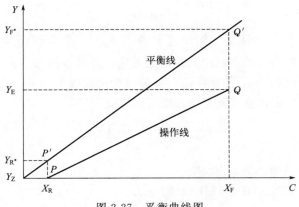

图 2-27 平衡曲线图

则积分式(2-55)得

$$N_{OR} = \frac{x_F - x_R}{\Delta x_m} \tag{2-56}$$

式中，Δx_m 为传质过程的平均推动力，在操作线和平衡线做直线近似的条件下为

$$\Delta x_m = \frac{(x_F - x^*) - (x_R - 0)}{\ln \dfrac{x_F - x^*}{x_R - 0}} = \frac{(x_F - y_E/k) - x_R}{\ln \dfrac{x_F - y_E/k}{x_R}} \tag{2-57}$$

式中　k——分配系数，对于本实验的白油苯甲酸相-水相，$k = 2.26$；

　　　y_E——萃取相的组成，kgA/kgS。

对于 x_F、x_R 和 y_E，可分别在实验中通过取样滴定分析得到，y_E 也可通过如下的物料衡算而得

$$F + S = E + R \qquad Fx_F + S \times 0 = Ey_E + Rx_R \tag{2-58}$$

式中　F——原料液流量，kg/h；

　　　S——萃取剂流量，kg/h；

　　　E——萃取相流量，kg/h；

　　　R——萃余相流量，kg/h。

对稀溶液的萃取过程，因为 $F = R$，$S = E$，所以有

$$Y_E = \frac{F}{S}(x_F - x_R) \tag{2-59}$$

本实验中，取 $F/S = 1/1$（质量流量比），则式(2-59)简化为

$$y_E = x_F + x_R \tag{2-60}$$

2. 萃取率的计算

萃取率 η 为被萃取剂萃取的组分 A 的量与原料液中的组分 A 的量之比

$$\eta = \frac{Fx_F - Rx_R}{Fx_F} \tag{2-61}$$

对稀溶液的萃取过程，因为 $F = R$，所以有

$$\eta = \frac{x_F - x_R}{x_F} \tag{2-62}$$

3. 组成浓度的测定

对于白油苯甲酸相-水相体系，测定进料液组成x_F、萃余液组成x_R和萃取液组成y_E（即苯甲酸的质量分数）均采用酸碱中和滴定的方法，具体步骤如下：

（1）使用移液管量取 25mL 待测样品，加溴百里酚蓝指示剂 1～2 滴；

（2）使用 NaOH 溶液滴定直至终点，则所测浓度为

$$x = \frac{c\Delta V \times 122.12}{20 \times 0.8 \times 1000} \tag{2-63}$$

式中　c——NaOH 溶液的浓度，mol/L；

　　　ΔV——滴定用去的 NaOH 溶液体积量，mL。

此外，苯甲酸的摩尔质量为 122.12g/mol，白油密度为 0.8g/mL，样品量为 20mL。

（3）萃取相组成y_E也可按式(2-60)计算得到。

四、实验装置基本情况

萃取综合实验的装置流程如图 2-28 所示，操作本装置时，应先在塔内注满水（连续相），然后开启分散相白油（含有饱和苯甲酸），待在塔顶凝聚一定厚度的分散相液层后，经重相出口的倒 U 型管路安装的电磁阀开关，自动调节轻重相界面稳定于一定高度。对本装置所采用的实验物料体系而言，是在塔的上端中进行凝聚（塔的下端也设有凝聚段）。外加能量在本装置的输入，可以通过直流调速器调节中心轴的转速来控制。

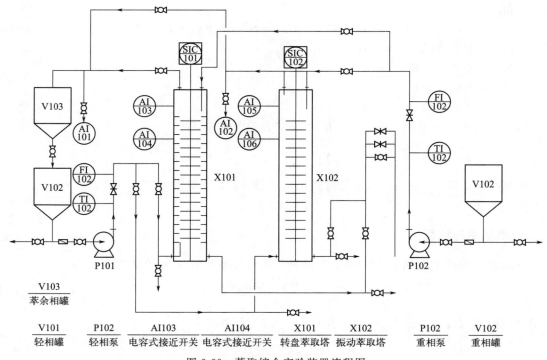

图 2-28　萃取综合实验装置流程图

五、实验方法及步骤

1. 转盘萃取塔实验步骤

（1）饱和或近饱和的含苯甲酸的混合物由白油配制而成，之后将其注入轻相罐内。注意配制饱和溶液不能直接在罐内，防止轻相泵的入口被固体颗粒堵塞。

（2）连接水管，在重相罐内注入水，使用磁力泵将其送入转盘萃取塔内。注意：切不可空载运行磁力泵，否则易造成磁力泵损坏。

（3）外加能量的大小可以通过调节转速来控制，在操作时逐步加大转速，中间存在一个临界转速（共振点）需跨越，一般实验可取 500r/min 的转速。

（4）在萃取塔内使水搅拌流动，并持续运行 5min 后，将分散相——白油管路开启。一般地，两相的体积流量在 20～40L/h 范围内调节，将两相的质量流量比按照实验要求调为 1:1。注意：当进行数据计算时，需要校正白油转子流量计测得的数据，也就是白油的实际流量应为 $V_{校} = \sqrt{\dfrac{1000}{800}} V_{测}$。其中，$V_{测}$ 为白油流量计上的显示值。

（5）分别安装一个电容式接近开关在塔外壁上下两端。待在塔顶凝聚一定厚度的分散相液层后，因水和白油的介电常数有很大差异，当白油被下端的电容式接近开关接触到时，开关为关闭状态，随着油层的不断升高，水被下端的电容式接近开关监测到时，开关灯亮显示其开启；随着液位持续上升，白油被上端的电容式接近开关接触到时，开关为关闭状态，随着油层继续升高，水被上端的电容式接近开关监测到时，开关灯亮显示其打开，同时打开两个电容式接近开关，打开排水电磁阀 SV101，液位随之下降；当上端的电容式接近开关接触到油层时，开关灯灭显示其关闭，液位随之下降，当下端的电容式接近开关接触到油层时，开关灯灭显示其关闭，同时关闭两个电容式接近开关，关闭排水电磁阀 SV101，通过此操作保证两相界面的恒定。

（6）判断外加能量对萃取过程的影响，主要通过改变转速来分别测取效率 η 或 H_{OR}。

（7）做取样分析。测定进料液组成 x_F、萃余液组成 x_R 及萃取液组成 y_E（即苯甲酸的质量分数）采用酸碱中和滴定的方法，具体步骤如下：

① 使用移液管量取 25mL 待测样品，加溴百里酚蓝指示剂 1～2 滴；

② 使用 NaOH 溶液滴定至终点，则所测浓度为

$$x = \frac{c \Delta V \times 122.12}{20 \times 0.8 \times 1000}$$

式中　c——NaOH 溶液的浓度，mol/L；

ΔV——滴定用去的 NaOH-CH$_3$OH 溶液体积量，mL。

此外，苯甲酸的摩尔质量为 122.12g/mol，白油密度为 0.8g/mL，样品量为 25mL。

③ 萃取相组成 y_E 也可按式（2-60）计算得到。

2. 振动萃取塔实验步骤

将轻相、重相至转盘萃取塔的阀门关闭，将轻重相至振动萃取塔的入口阀开启，重复上述实验步骤。

六、实验注意事项

（1）需将装置上每个设备、部件（阀门）及开关的作用和使用方法弄清楚，然后再进行实验。

（2）注意控制轻重相料位。

七、实验数据处理示例

塔高 $H=1000$mm，NaOH 的浓度为 0.01mol/L，白油密度为 0.8g/mL，苯甲酸的摩尔质量为 122.12g/mol，本实验取样 20mL。

1♯实验装置的原始数据记录如表 2-23 所示。

表 2-23 1♯实验装置原始数据记录

序号	转速 /(r/min)	重相流量 Q/(L/h)	轻相流量 V/(L/h)	滴定用去 0.01mol/L NaOH 的体积 ΔV/mL
1	0	0	0	19.66
2	196	20	14	10.7
3	298	20	14	10.2
4	350	20	14	9.68
5	399	20	14	8.08
6	439	20	14	7.66
7	475	20	14	6.11
8	535	20	14	5.37

2♯实验装置的原始数据记录如表 2-24 所示。

表 2-24 2♯实验装置原始数据记录

序号	转速 /(r/min)	重相流量 Q/(L/h)	轻相流量 V/(L/h)	滴定用去 0.01mol/L NaOH 的体积 ΔV/mL
1	0	0	0	36.82
2	202	20	16	27.72
3	302	20	16	27.4
4	402	20	16	24.06
5	472	20	16	17.26
6	507	20	16	13.8
7	527	20	16	10.03

数据处理：

（1）求取苯甲酸的质量分数，即进料液组成 x_F、萃余液组成 x_R 和萃取液组成 y_E。

$$x=\frac{c\Delta V\times 122.12}{20\times 0.8\times 1000}\times 100\% \qquad (2\text{-}64)$$

式中 c——NaOH 溶液的浓度，mol/L；

$\quad\quad \Delta V$——滴定用去的 NaOH 溶液体积量，mL。

其中，苯甲酸的摩尔质量为 $122.12\mathrm{g/mol}$，白油密度为 $0.8\mathrm{g/mL}$，样品量为 $20\mathrm{mL}$，可以计算出 x_F、x_R，由于 $y_E = \dfrac{F}{S}(x_F - x_R)$，可以计算出 y_E，其中 $F = \rho_{水} f$，$S = \rho_{煤油} f$

例如：转速为 0 时，$x_F = \dfrac{0.01 \times 19.66 \times 122.12}{20 \times 0.8 \times 1000} = 0.001501$，转速为 196 时，$x_R =$

$\dfrac{0.01 \times 10.7 \times 122.12}{20 \times 0.8 \times 1000} = 0.000817$，此时 $\quad y_E = \dfrac{14 \times 0.8 \times \sqrt{\dfrac{1000}{800}}}{20 \times 1.0} \times (0.001501 - 0.000817) = 4.28 \times 10^{-4}$。

（2）萃取率的计算

$$\eta = \frac{x_F - x_R}{x_F}$$

例如，转速为 196 时，$\eta = \dfrac{0.001501 - 0.000817}{0.001501} = 0.4557$

（3）传质单元数的计算

$$N_{OR} = \frac{x_F - x_R}{\Delta x_m}$$

式中，Δx_m 为传质过程的平均推动力，在操作线和平衡线做直线近似的条件下为

$$\Delta x_m = \frac{(x_F - x^*) - (x_R - 0)}{\ln \dfrac{x_F - x^*}{x_R - 0}} = \frac{(x_F - y_E/k) - x_R}{\ln \dfrac{x_F - y_E/k}{x_R}}$$

式中 k——分配系数，例如对于本实验的白油苯甲酸相-水相，$k = 2.26$；

$\quad\quad y_E$——萃取相的组成，kgA/kgS。

例如转速 196 时

$$\Delta x_m = \frac{(0.001501 - 4.28 \times 10^{-4} \div 2.26) - 0.000817}{\ln \dfrac{0.001501 - 4.28 \times 10^{-4} \div 2.26}{0.000817}} = 1.045 \times 10^{-3}$$

$$N_{OR} = \frac{0.001501 - 0.000817}{1.045 \times 10^{-3}} = 0.6545$$

（4）传质单元高度的计算

$$H = H_{OR} N_{OR}$$

式中 H——萃取塔的有效接触高度，m；

$\quad\quad H_{OR}$——以萃余相为基准的总传质单元高度，m；

$\quad\quad N_{OR}$——以萃余相为基准的总传质单元数，无量纲。

则 $$H_{OR} = \frac{H}{N_{OR}} = \frac{1.0}{N_{OR}}$$

转速为 196 时，传质单元高度

$$H_{OR} = \frac{1.0}{0.6545} = 1.528(\mathrm{m})$$

1#实验装置的数据处理结果如表 2-25 所示。

表 2-25　1#实验装置数据处理结果记录

转速 /(r/min)	水流量 Q/(L/h)	白油流量 V/(L/h)	滴定 0.01mol/L NaOH 的体积 V/mL	进塔白油苯甲酸浓度 x_F/(mol/L)	出塔白油苯甲酸浓度 x_R/(mol/L)	水温度 t/℃
196	20	15.652	10.7	0.001501	0.000817	14
298	20	15.652	10.2	0.001501	0.000779	14
350	20	15.652	9.68	0.001501	0.000739	14
399	20	15.652	8.08	0.001501	0.000617	14
439	20	15.652	7.66	0.001501	0.000585	14
475	20	15.652	6.11	0.001501	0.000466	14
535	20	15.652	5.37	0.001501	0.00041	14

水质量流量 S/(kg/h)	白油质量流量 F/(kg/h)	萃取相组成 y_E	平均推动力 Δx_m	传质单元数 N_{OR}	传质单元高度 H_{OR}/m	萃取率 η
19.96944	14.16814	0.000482	0.001045	0.6545	1.528	0.4557
19.96944	14.16814	0.000452	0.001018	0.7092	1.41	0.4810
19.96944	14.16814	0.000477	0.000989	0.7705	1.298	0.5077
19.96944	14.16814	0.000553	0.000899	0.9833	1.017	0.5889
19.96944	14.16814	0.000574	0.000875	1.047	0.955	0.6103
19.96944	14.16814	0.000648	0.000781	1.325	0.755	0.6895
19.96944	14.16814	0.000683	0.000735	1.484	0.674	0.7268

八、思考题

1. 试分析比较吸收、精馏实验装置与萃取实验装置的异同点。

2. 说说如何调节和测量本萃取实验装置的转盘转速？请从实验结果分析萃取传质系数与萃取率受转盘转速变化的影响。

实验八　二氧化碳吸收实验

一、实验目的

1. 了解填料塔的构造与操作，掌握不同填料塔的特性。

2. 通过观察填料塔流体力学状况，学习测定气速与填料层压降的关系，确定在固定液体喷淋量下填料塔的液泛气速。

3. 学习并掌握二氧化碳吸收与解吸的操作。

4. 掌握利用实验方法测定填料塔吸收体积传质总系数。

5. 熟悉风机和离心泵等的使用。

6. 学习并掌握二氧化碳钢瓶减压阀的操作。

7. 要求在线分析浓度，并配套 CO_2 检测器。

二、实验内容

1. 吸收塔的流体力学特性。

2. 解吸塔的流体力学特性。

3. 吸收操作。

4. 吸收解吸操作。

三、实验原理

传质过程比较典型的是气体吸收。在众多可作为溶质组分的气体中，CO_2 气体以其廉价、无味、无毒的特性，常被选择作为气体吸收实验的溶质组分。本实验对空气中 CO_2 组分的吸收采用的是水。

CO_2 在水中的溶解度非常低，哪怕提前将大量的 CO_2 气体混合进空气使空气中的 CO_2 浓度升高，CO_2 溶入水中的量依然非常微小，因此可按低浓度来处理吸收的计算方法。同时，在此体系中，CO_2 气体的解吸过程属于液膜控制。因而，本实验需要测定的主要是 K_{xa} 和 H_{OL}。

计算公式：

填料层高度 Z 为

$$Z = \frac{L}{K_{xa}\Omega} \int_{x_2}^{x_1} \frac{\mathrm{d}x}{x^* - x}$$

即

$$K_{xa} = \frac{L}{Z\Omega} \int_{x_2}^{x_1} \frac{\mathrm{d}x}{x^* - x}$$

当气液平衡关系符合亨利定律时，上式可整理为

$$K_{xa} = \frac{L}{Z\Omega} \times \frac{X_1 - X_2}{\Delta X_m}$$

$$\Delta X_m = \frac{\Delta X_1 - \Delta X_2}{\ln \frac{\Delta X_1}{\Delta X_2}} = \frac{(X_1^* - X_1) - (X_2^* - X_2)}{\ln \frac{X_1^* - X_1}{X_2^* - X_2}}$$

式中　L——吸收剂通过塔截面的摩尔流量，kmol/h；

　　　Ω——吸收塔截面积，m^2；

　　K_{xa}——以 ΔX 为推动力的液相总体积传质系数，kmol/（$m^3 \cdot h \cdot \Delta X_m$）；

　　ΔX_m——塔底、塔顶液相浓度差的对数平均值；

Z——填料层高度，m；

X_1，X_2——塔底、塔顶液相中 CO_2 比摩尔分数；

X_1^*——与塔底气相浓度平衡时塔底液相中 CO_2 比摩尔分数。

X_2^*——与塔顶气相浓度平衡时塔顶液相中 CO_2 比摩尔分数。

对水吸收 CO_2-空气混合器中 CO_2 的体系，其平衡关系遵循亨利定律，达到平衡时，其气相浓度与液面浓度的相平衡关系式近似为：

$$X^* = \frac{Y}{m}$$

其中，$m = \dfrac{E}{p}$。

$$Y = \frac{y}{1-y}$$

式中　Y——塔内任一截面气相中 CO_2 浓度（比摩尔分数表示）；

　　　y——塔内任一截面气相中 CO_2 浓度（摩尔分数表示）；

　　　X^*——与气相浓度平衡时液相 CO_2 浓度（比摩尔分数表示）；

　　　m——相平衡常数；

　　　E——亨利系数；

　　　p——混合气体总压，近似为大气压。

经对物料参数水温和大气压的测定，利用相关化工数据手册即可查取确定亨利常数，这样只需再测得填料吸收塔的 CO_2 含量（摩尔分数）及 CO_2-空气混合气体总压，就能获取与气相浓度平衡时的液相 CO_2 浓度。

塔顶液相中 CO_2 浓度 $X_2 \neq 0$，是因为从塔顶喷淋到填料层上的吸收剂为循环液，所以可由吸收塔物料衡算式求取塔底液相中 CO_2 浓度

$$V(Y_1 - Y_2) = L(X_1 - X_2)$$

则 $X_1 = \dfrac{V}{L}(Y_1 - Y_2) + X_2$

式中　V——惰性空气流量，kmol/h；

Y_1，Y_2——塔底、塔顶的气相中 CO_2 比摩尔分数；

X_1，X_2——塔底、塔顶的液相中 CO_2 比摩尔分数。

本实验对塔底、塔顶气相及液相中 CO_2 的摩尔分数进行测定主要通过气相色谱仪，测定 CO_2-空气混合气体使用量用转子流量计，测取吸收剂水使用量用涡轮流量计，以上数据测定后液面体积传质系数即可测定。

吸收的逆过程是解吸。解吸操作可将溶解在液相中的气体释放出来。所以，相际传质推动力为 $X - X^*$ 或 $Y^* - Y$，而为便于解吸过程的进行，可将气体溶解度降低（可减压或者降温）或将气相主体的溶质分压减小（可汽提）。本试验中采用减压和汽提形式的解吸过程。

四、实验装置基本情况

1. 吸收解吸流程

吸收装置流程如图 2-29 所示，吸收的空气由风机 C101 出来，与钢瓶出来的 CO_2 气体

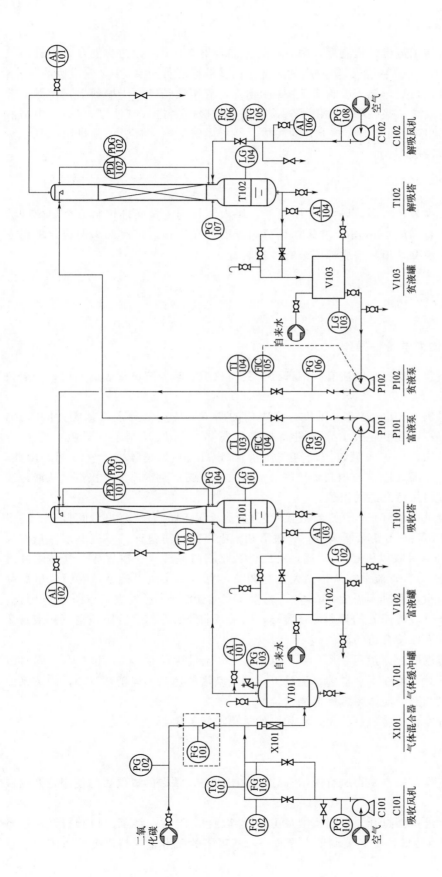

图 2-29 吸收装置流程图

相互混合，分别经过转子流量计检测后，两者在气体混合器 X101 内做初步混合，再进入气体缓冲罐 V101 内，均压之后，导入吸收塔的底部。由贫液罐经贫液泵 P102 输送吸收剂水，流量通过涡轮流量计计量后，导入吸收塔 T101 的顶部，利用喷嘴喷洒于填料上，接触上升的气体后，经传质吸收，从吸收塔顶排出尾气，而液体被吸收后进入富液罐 V102，由富液泵 P101 输送，到达解吸塔顶部，接触上升的气体，经传质解吸，从解吸塔顶排出尾气，贫液由解吸塔返回到贫液罐 V103。

2. 主要设备

吸收和解吸塔：高效填料塔，塔内径 100mm，塔内装有陶瓷拉西环填料或金属丝网波纹规整填料，填料层总高度 780mm。液体初始分布器安装在塔顶，塔底部为栅板式填料支承装置。为避免气体泄漏，填料塔底部安装有液封装置。

五、实验方法及步骤

1. 吸收塔的流体力学特性操作

（1）掌握实验流程，检查是否所有阀门都处于关闭状态，掌握测试仪表的使用，开启仪表电源。

（2）开启吸收风机 C101，通过对风机旁路阀门的调节，使空气导入气体缓冲罐 V101 内，得到稳定压力后，流量需从小到大进行调节，每做一次风量调节，对吸收塔压降 Δp（PDI101）记录一次，对进入吸收塔的空气流量 V（FG102）采集数据 7～10 组，由此，可在干填料操作时，作出气速 μ 与填料塔压降 Δp 的关系曲线。注意，为阻止空气从液封装置内逸出，液封装置需保持合适的液位。

（3）将贫富液泵进口阀打开，开启富液泵 P101、贫液泵 P102，将泵出口阀打开，进塔液体流量 FIC104、FIC105 由变频器调节，吸收塔和解吸塔的喷淋量保持不变（水流量建议在 400L/h 左右）；开启吸收风机 C101，通过对风机旁路阀门调节，使空气导入气体缓冲罐 V101 内，得到稳定压力后，流量需从小到大进行调节，每做一次风量调节，对吸收塔压降 Δp（PDI101）记录一次，对进入吸收塔的空气流量 V（FG102）采集数据 7～10 组，由此，可作出在湿填料操作时，气速 μ 与填料塔压降 Δp 的关系曲线。注意，为阻止空气从液封装置内逸出，液封装置需保持合适的液位。

（4）由变频器将进塔液体流量 FIC104、FIC105（水流量建议在 500L/h 左右）同时改变，重复操作步骤（3），可在不一样的水流量下，测定空塔气速与填料塔压降 Δp 的关系曲线，实现填料塔内气、液的流体力学性能测定。

（5）使风机运行停止，将机泵关闭，将相应的进出口阀关闭。

2. 吸收解吸操作

（1）掌握实验流程，检查是否所有阀门都处于关闭状态，掌握测试仪表的使用，开启仪表电源。

（2）将贫富液泵进口阀打开，开启富液泵 P101、贫液泵 P102，将泵出口阀打开，进塔液体流量 FIC104、FIC105 由变频器调节，吸收塔和解吸塔的喷淋量保持不变（水流量建议在 400L/h 左右）；注意对吸收塔和解吸塔釜液位进行观察，通过对塔出口液封高度阀的调节，使塔内液位保持稳定。

（3）开启吸收风机 C101，通过对风机旁路阀门的调节，使空气导入气体缓冲罐 V101 内，得到稳定压力后，令填料吸收塔底部导入空气，空气流量调节在 $2m^3/h$；开启解吸风机 C102，通过对风机旁路阀门的调节，使解吸风机进解吸塔的空气流量 FG103 调节在 $10m^3/h$ 左右。

（4）查看并保证 CO_2 减压阀处于关闭状态，将 CO_2 钢瓶阀门打开，通过 CO_2 减压阀的操作调节，使 CO_2 出口压力稳定保持在 0.2MPa 左右，通过 CO_2 转子流量计 FG101 计量调节流量后，CO_2 气体导入空气管路与空气混合，然后进入吸收塔 T101 下部。其中，CO_2 流量为 $0.2m^3/h$，将 CO_2 在混合气中的体积分数控制为 10%，并保证其稳定不变。

（5）对吸收塔、解吸塔的差压进行观察，保持差压稳定 10min 左右，对气体流量、液体流量做分别记录，并将 CO_2 分析仪直接与进塔取样点和出料取样点取样管路连接进行分析，经对 CO_2 含量所做的分析，对进、出塔气体中 CO_2 摩尔分数 y_1 和 y_2 做定量确定，完成液相在填料塔内体积传质系数的测定。

（6）对大气压和水温进行测定。

（7）记录完全部实验数据后，经指导教师允许，将风机和泵关闭，将全部管路上的所有阀门关闭，将 CO_2 液化气钢瓶阀门关闭，最后将仪表电源和总电源关闭。

六、实验注意事项

（1）一定要注意液化气钢瓶的使用安全，在实验操作的过程中，未经指导教师允许，液化气钢瓶不能乱动，注意将吸收塔釜和解吸塔釜的液位保持稳定在一定的范围。

（2）操作点固定好后，为保持各量不变应随时注意调整。

（3）当改变填料塔的操作条件后，经过的稳定时间较长，相关数据的读取务必要等到彻底稳定之后。

七、实验数据处理示例

1. 填料塔流体力学性能的测定（以解吸填料塔干填料数据为例）

转子流量计的读数数据为 $0.5m^3/h$。

填料层压降 U 形管读数数据为 $2.0mmH_2O$。填料层高度为 0.78m。

空塔气速 $u = \dfrac{V}{3600 \times (\pi/4)D^2} = \dfrac{0.5}{3600 \times (\pi/4) \times 0.050^2} = 0.07(m/s)$

单位填料层压降 $\dfrac{\Delta p}{Z} = 2 \div 0.78 = 2.6(mmH_2O/m)$

2. 传质实验

CO_2 转子流量计读数 $0.200m^3/h$。

转子流量计处温度 16.1℃。

16.1℃下二氧化碳气体密度 $\rho_{CO_2}=1.976\mathrm{kg/m^3}$。

CO_2 实际流量 $V_{CO_2}=0.200\times\sqrt{\dfrac{\rho_{\mathrm{Air}}}{\rho_{CO_2}}}=0.200\times\sqrt{\dfrac{1.204}{1.976}}=0.156(\mathrm{m^3/h})$

空气转子流量计读数 $V_{\mathrm{Air}}=0.500\mathrm{m^3/h}$。

吸收液浓度计算：

吸收液所消耗盐酸体积为 $V_1=30.10\mathrm{mL}$，那么，吸收液浓度为：

$$c_{A1}=\frac{2c_{\mathrm{Ba(OH)_2}}V_{\mathrm{Ba(OH)_2}}-c_{\mathrm{HCl}}V_{\mathrm{HCl}}}{2V_{溶液}}$$

$$=\frac{2\times0.17982\times10-0.111\times30.1}{2\times10}=0.01277(\mathrm{kmol/m^3})$$

吸收剂二氧化碳浓度计算：

因纯水中溶解有少量的二氧化碳，而纯水滴定所消耗盐酸体积为 $V=32.3\mathrm{mL}$，则塔顶水中 CO_2 浓度为：

$$c_{A2}=\frac{2c_{\mathrm{Ba(OH)_2}}V_{\mathrm{Ba(OH)_2}}-c_{\mathrm{HCl}}V_{\mathrm{HCl}}}{2V_{溶液}}$$

$$=\frac{2\times0.17982\times10-0.111\times32.3}{2\times10}=0.00056(\mathrm{kmol/m^3})$$

塔底的平衡浓度计算：

塔底液温度 $t=7.9℃$，可查得 CO_2 亨利系数 $E=0.9735\times10^5\mathrm{kPa}$，则 CO_2 的溶解度常数为：

$$H=\frac{\rho_{\mathrm{w}}}{M_{\mathrm{w}}}\times\frac{1}{E}=\frac{1000}{18}\times\frac{1}{0.9735\times10^8}=5.7\times10^{-7}[\mathrm{kmol/(m^3\cdot Pa)}]$$

塔底混合气中二氧化碳含量：$y_1=\dfrac{0.156}{0.156+0.5}=0.238$

$$c_{A1}^*=Hp_{A1}=Hy_1p_0=5.7\times10^{-7}\times0.238\times101325=0.0137(\mathrm{kmol/m^3})$$

塔顶的平衡浓度计算：

由物料平衡计算得出塔顶二氧化碳含量 $L(c_{A2}-c_{A1})=V(y_1-y_2)$

$$y_2=y_1-\frac{L(c_{A2}-c_{A1})}{V}=0.238-\frac{\dfrac{40}{1000}\times(0.01277-0.00056)}{\dfrac{0.5}{22.4}}=0.216$$

$$c_{A2}^*=Hp_{A2}=Hy_2p_0=5.706\times10^{-7}\times0.2161\times101325=0.01249(\mathrm{kmol/m^3})$$

液相平均推动力计算：

$$\Delta c_{Am}=\frac{\Delta c_{A1}-\Delta c_{A2}}{\ln\dfrac{\Delta c_{A2}}{\Delta c_{A1}}}=\frac{(c_{A2}^*-c_{A2})-(c_{A1}^*-c_{A1})}{\ln\dfrac{c_{A2}^*-c_{A2}}{c_{A1}^*-c_{A1}}}$$

$$\frac{(0.01249-0.00056)-(0.0137-0.01277)}{\ln\dfrac{0.01249-0.00056}{0.0137-0.01277}}=0.0043(\mathrm{kmol/m^3})$$

本实验采用的物系既遵循于亨利定律，又不需考虑气膜阻力，这样，阻力在整个传质过程中全部来自液膜，即为液膜控制过程。因此，液侧体积传质膜系数等于液相体积传质总系

数，即

$$k_1a = K_La = \frac{V_{sL}}{hS} \times \frac{c_{A1} - c_{A2}}{\Delta c_{Am}}$$

$$= \frac{40 \times 10^{-3} \div 3600}{0.8 \times 3.14 \times (0.050)^2 \div 4} \times \frac{0.01277 - 0.00056}{0.0043} = 0.0201(\text{m/s})$$

实验结果列入表 2-26～表 2-28。

表 2-26　实验装置填料塔流体力学性能测定（干填料）

干填料时 $\Delta p/Z$-u 关系测定

$L = 0$，填料层高度 $Z = 0.78\text{m}$，塔径 $D = 0.05\text{m}$

序号	填料层压降 /mmH₂O	单位高度填料层压降 /(mmH₂O/m)	空气转子流量计读数 /(m³/h)	空塔气速 /(m/s)
1	2	2.6	0.5	0.07
2	4	5.1	1	0.14
3	7	9.0	1.5	0.21
4	13	16.7	2	0.28
5	16	20.5	2.5	0.35

表 2-27　实验装置填料塔流体力学性能测定（湿填料）

湿填料时 $\Delta p/Z$-u 关系测定

$L = 160$，填料层高度 $Z = 0.78\text{m}$，塔径 $D = 0.05\text{m}$

序号	填料层压降 /mmH₂O	单位高度填料层压降 /(mmH₂O/m)	空气转子流量计读数 /(m³/h)	空塔气速 /(m/s)	操作现象
1	2.0	2.6	0.25	0.04	正常
2	10.0	12.8	0.50	0.07	正常
3	23.0	29.5	0.70	0.10	正常
4	35.0	44.9	0.90	0.13	正常
5	55.0	70.5	1.10	0.16	正常
6	69.0	88.5	1.20	0.17	正常
7	110.0	141.0	1.30	0.18	正常
8	145.0	185.9	1.40	0.20	正常
9	195.0	250.0	1.50	0.21	液泛
10	260.0	333.3	1.60	0.23	液泛
11	300.0	384.6	1.70	0.24	液泛

表 2-28　实验装置填料吸收塔传质实验技术数据表

填料吸收塔传质实验数据

被吸收的气体:纯 CO_2;吸收剂:水;塔内径:50mm

塔类型	吸收塔
填料种类	瓷拉西环
填料层高度/m	0.78
CO_2 转子流量计读数/(m³/h)	0.200
CO_2 转子流量计处温度/℃	16.1
流量计处 CO_2 的体积流量/(m³/h)	0.156
空气转子流量计读数/(m³/h)	0.500
水转子流量计读数	40.0
中和 CO_2 用 $Ba(OH)_2$ 的浓度/(mol/L)	0.17982
中和 CO_2 用 $Ba(OH)_2$ 的体积/mL	10
滴定用盐酸的浓度/(mol/L)	0.111
滴定塔底吸收液用盐酸的体积/mL	30.10
滴定空白液用盐酸的体积/mL	32.30
样品的体积/mL	10
塔底液相的温度/℃	7.9
亨利常数 $E/\times 10^8 Pa$	0.9735
塔底液相浓度 $c_{A1}/(kmol/m^3)$	0.01277
空白液相浓度 $c_{A2}/(kmol/m^3)$	0.00056
传质单元高度 HLE-7/[kmol/(m³·Pa)]	5.706
y_1	0.238
平衡浓度 $c_{A1}^*/(kmol/m^3)$	0.0137
y_2	0.216
平衡浓度 $c_{A2}^*/(kmol/m^3)$	0.01249
平均推动力 $\Delta c_{Am}/(kmolCO_2/m^3)$	0.0043
液相体积传质系数 $K_{xa}/(m/s)$	0.0201
吸收率	0.092

3. 作图

在对数坐标纸上将空塔气速 u 作为横坐标，$\dfrac{\Delta p}{Z}$ 作为纵坐标，绘制 $\dfrac{\Delta p}{Z}$-u 关系曲线，如图 2-30 所示。

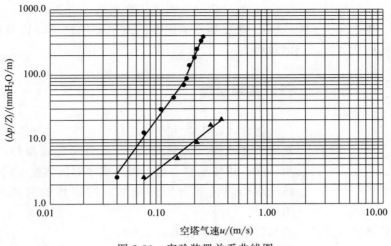

图 2-30　实验装置关系曲线图

八、思考题

1. 本实验中，塔底有液封的原因是什么？如何计算液封高度？
2. 测定 K_{xa} 的工程意义是什么？
3. 二氧化碳吸收过程为什么属于液膜控制？

实验九　对流传热实验

一、实验目的

1. 熟悉在光滑管内和强化传热管内的空气对流传热系数的测定方法，并对它们的数值大小进行比较。
2. 熟悉蒸汽的循环系统，以及蒸汽冷凝的传热系统测定方法。
3. 熟悉空气的循环系统，以及空气冷却的传热系统测定方法。
4. 熟悉在水平管外壁的水蒸气的冷凝传热系数测定方法。
5. 熟悉蒸汽的安全联锁保护以及蒸汽发生器的操作原理。
6. 学习并了解温度传感器、孔板流量计的使用方法和工作原理。
7. 学习并了解空气流量、温度、加热功率的使用方法和自动控制原理。

二、实验内容

1. 通过学习掌握蒸汽-空气换热。
2. 通过学习掌握普通管蒸汽-空气换热。

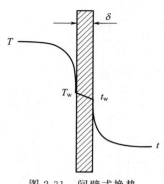

图 2-31　间壁式换热

3. 通过学习掌握强化管蒸汽-空气换热。

4. 通过学习掌握蒸汽发生器的结构，以及蒸汽冷凝循环的过程。

三、实验原理

通常，在工业生产的过程中，冷、热流体进行热量交换需利用固体壁面（传热元件），称为间壁式换热。如图 2-31 所示，间壁式传热整个过程由热流体对固体壁面的对流传热、固体壁面的热传导及固体壁面对冷流体的对流传热三部分所组成。

对间壁式传热元件而言，当传热过程达到稳态后，有

$$Q = m_1 c_{p1}(T_1 - T_2) = m_2 c_{p2}(t_2 - t_1) = \alpha_1 A_1 (T - T_w)_m = \alpha_2 A_2 (t_w - t)_m$$

$$(2\text{-}65)$$

式中　　　Q——传热量，J/s；

m_1——热流体的质量流率，kg/s；

c_{p1}——热流体的比热容，J/(kg·℃)；

T_1——热流体的进口温度，℃；

T_2——热流体的出口温度，℃；

m_2——冷流体的质量流率，kg/s；

c_{p2}——冷流体的比热容，J/(kg·℃)；

t_1——冷流体的进口温度，℃；

t_2——冷流体的出口温度，℃；

α_1——热流体与固体壁面的对流传热系数，W/(m²·℃)；

A_1——热流体侧的对流传热面积，m²；

$(T - T_w)_m$——热流体和固体壁面的对数平均温差，℃；

α_2——冷流体和固体壁面的对流传热系数，W/(m²·℃)；

A_2——冷流体侧的对流传热面积，m²；

$(t_w - t)_m$——固体壁面和冷流体的对数平均温差，℃。

热流体与固体壁面的对数平均温差可由式(2-66) 计算

$$(T - T_w)_m = \frac{(T_1 - T_{w1}) - (T_2 - T_{w2})}{\ln \dfrac{T_1 - T_{w1}}{T_2 - T_{w2}}}$$

$$(2\text{-}66)$$

式中　T_{w1}——热流体进口处热流体侧的壁面温度，℃；

T_{w2}——热流体出口处热流体侧的壁面温度，℃。

固体壁面和冷流体的对数平均温差可由式(2-67) 计算

$$(t_w - t)_m = \frac{(t_{w1} - t_1) - (t_{w2} - t_2)}{\ln \dfrac{t_{w1} - t_1}{t_{w2} - t_2}}$$

$$(2\text{-}67)$$

式中　t_{w1}——冷流体进口处冷流体侧的壁面温度，℃；

　　　t_{w2}——冷流体出口处冷流体侧的壁面温度，℃。

在本装置的套管换热器中，换热桶内输送蒸汽，内铜管管内输送水，铜管内的水因管外的水蒸气冷凝放热而被加热，此传热过程稳定后，有如下关系式：

$$V\rho c_p(t_2-t_1)=\alpha_2 A_2(t_w-t)_m \tag{2-68}$$

式中　　V——冷流体体积流量，m^3/s；

　　　　ρ——冷流体密度，kg/m^3；

　　　　c_p——冷流体比热容，$J/(kg\cdot℃)$；

　t_1，t_2——冷流体进、出口温度，℃；

　　　　α_2——冷流体对内管内壁的对流给热系数，$W/(m^2\cdot℃)$；

　　　　A_2——内管的内壁传热面积，m^2；

$(t_w-t)_m$——内壁与流体间的对数平均温度差，参照式(2-67) 可得，℃。

当使用管壁超薄且导热性能良好的内管材料时，导热系数 λ 值非常大，可认为 $T_{w1}=t_{w1}$，$T_{w2}=t_{w2}$，就是所测点的壁温，则由式(2-65) 可得：

$$\alpha_2=\frac{V\rho c_p(t_2-t_1)}{A_2(t_w-t)_m} \tag{2-69}$$

如果可以测得被加热流体的 V、t_1、t_2，内管的换热面积 A_2 及壁温 t_{w1}、t_{w2}，就能由式(2-69) 求得实测的冷流体在管内的对流给热系数 α_2。

当迫使流体在圆形直管内做湍流对流传热时，经验式为

$$Nu=0.023Re^{0.8}Pr^n \tag{2-70}$$

式中　Nu——努塞尔数，$Nu=\dfrac{\alpha d}{\lambda}$，无量纲；

　　　Re——雷诺数，$Re=\dfrac{du\rho}{\mu}$，无量纲；

　　　Pr——普朗特数，$Pr=\dfrac{c_p\mu}{\lambda}$，无量纲。

　　　α——流体与固体壁面的对流传热系数，$W/(m^2\cdot℃)$；

　　　d——换热管内径，m；

　　　λ——流体的热导率，$W/(m\cdot℃)$；

　　　u——流体在管内流动的平均速度，m/s；

　　　ρ——流体的密度，kg/m^3；

　　　μ——流体的黏度，$Pa\cdot s$；

　　　c_p——流体的比热容，$J/(kg\cdot℃)$。

式(2-70) 适用范围是：$Re=(1.0\times10^4)\sim(1.2\times10^5)$，$Pr=0.7\sim120$，管长和管内径之比 $L/d\geqslant60$。当加热流体时 $n=0.4$，冷却流体时 $n=0.3$。

利用实验测取的数据点即可推算出相关特征数，由此可作出曲线，并通过对比经验公式曲线对实验的效果做出检验。

四、实验装置基本情况

本实验的装置由套管换热器（光滑管与强化管）、蒸汽发生器、冷凝器、风冷器、风机、

温度传感器，以及温度显示仪表、压力显示仪表、流量显示仪表等设备构成。装置参数中：紫铜管的规格为 $19mm \times 1.5mm$，即内径为 $16mm$，长度为 $1.02m$。

对流传热实验的装置流程如图 2-32 所示。

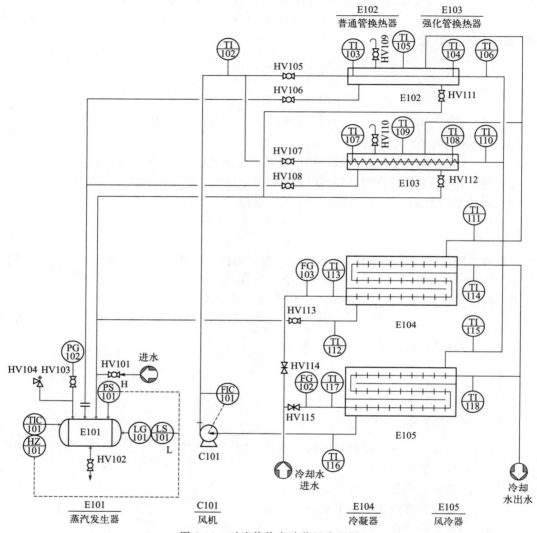

图 2-32 对流传热实验装置流程图

对流传热实验总装图如图 2-33 所示。

本装置主要采用夹套式换热器（包括普通管和加强管）对汽-气综合换热进行研究。夹套式换热器采用并流换热，其工作原理：利用紫铜管对蒸汽和空气进行间接换热，紫铜管内输送空气，紫铜管外输送蒸汽。在紫铜管内加装弹簧装置，称为加强管。弹簧使管内绝对粗糙度增加，空气流动的湍流程度随之增加，显著提升换热效果。

在风冷器和冷凝器工作时，蒸汽由夹套换热器壳程导入冷凝器壳程，通过与翅片式换热管内的冷却水进行换热后，蒸汽发生器内会有蒸汽冷凝水返回；空气由夹套换热器管程导入风冷器壳程，通过与翅片式换热管内的冷却水进行换热后，风机进口会有空气返回。

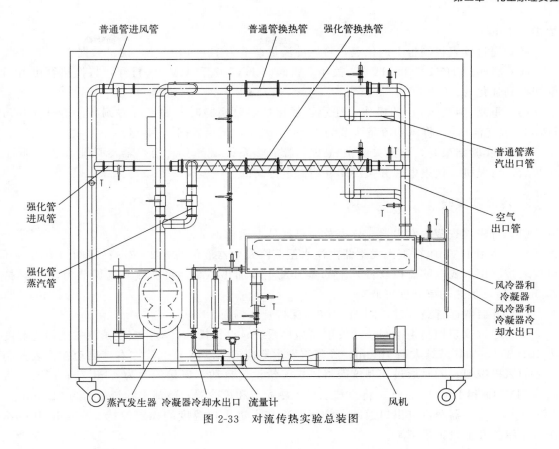

图 2-33 对流传热实验总装图

图中标注文字：
普通管进风管　普通管换热管　强化管换热管　普通管蒸汽出口管　空气出口管　风冷器和冷凝器　风冷器和冷凝器冷却水出口

强化管进风管　强化管蒸汽管　蒸汽发生器　冷凝器冷却水出口　流量计　风机

五、实验方法及步骤

1. 套管换热器

（1）首先检查蒸汽发生器、仪表、风机及测温点是否运行正常。

（2）利用 HV101 往蒸汽发生器内注水至蒸汽发生器液位的 1/2～3/4；将阀门关闭，开启仪表控制柜（或电脑监控软件）上的蒸汽发生器加热系统，将加热开度调节为 50%，持续 5min 后，加热功率开度可调至 100%。

（3）进行普通管实验时，开启普通管蒸汽进口阀 HV106 及普通管空气进口阀 HV105，保持普通管换热器的管路畅通。

（4）通过仪表控制柜控制蒸汽发生器加热系统，设置投入自动，控制蒸汽发生器内温度为 101.8℃，加热持续大概 10min，等蒸汽发生器内的温度高于 95℃左右，启动在仪表控制柜上的风机按钮，同时通过控制仪表将风机流量设置自动，流量最大为 40m³/h；同时，将阀门 HV114 打开，将冷却水导入冷凝器，冷却水的流量约为 9L/min。

（5）注意对蒸汽发生器内压力进行观察，大概稳定状态在 6kPa，如压力有所偏高，将普通管换热器放空阀 HV109 打开，等压力下降再关闭。

（6）等冷风出口温度稳定 2～5min 基本不变，将普通管换热器进出口所有温度、冷凝器和风冷器进出口温度、风的流量及冷却水的流量记录下来，大概整个换热稳定过程需要持续 10～15min。

（7）通过仪表控制柜上的仪表，将风的流量调节为 10～40m³/h，记录数据 5～7 组。

（8）将阀门 HV105 和 HV106 关闭，将阀门 HV107 和 HV108 打开，将换热管由普通管切换到强化管。

（9）重复（4）～（7）的操作［注意：强化换热管实验时，如果压力偏高，请打开阀门 HV110 放空泄压］，将风的流量调节为 10～35m³/h，记录数据 3～5 组。

（10）实验结束时，首先关闭蒸汽发生器加热系统，等套管换热器冷风出口温度低于 40℃后，将风机、仪表电源开关关闭并将总电源切断。

2. 冷凝器实验

（1）首先检查蒸汽发生器、仪表及测温点是否运行正常。

（2）利用 HV101 往蒸汽发生器内注水至蒸汽发生器液位的 1/2～3/4；将阀门关闭，开启仪表控制柜（或电脑监控软件）上的蒸汽发生器加热系统，将加热开度调节为 50%，持续 5min 后，加热功率开度可调至 100%。

（3）开启普通管蒸汽进口阀 HV106，保持管路畅通。

（4）通过仪表控制柜控制蒸汽发生器加热系统，设置投入自动，控制蒸汽发生器内温度为 101.8℃，加热持续大概 10min，等蒸汽发生器内的温度高于 95℃左右，启动在仪表控制柜上的风机按钮，同时通过控制仪表将风机流量设置自动，流量最大为 40m³/h；同时，将阀门 HV114 和 HV115 打开，将冷却水导入冷凝器和风冷器，冷却水的流量约为 9L/min。

（5）等冷凝器蒸汽进出口温度、冷凝器冷却水进出口温度均稳定保持 2～5min 基本不变，将温度和流量记录下来。

（6）通过调节使蒸汽温度改变，记录数据 2～4 组。

（7）实验结束时，首先关闭蒸汽发生器加热系统，等冷凝器冷却水出口温度低于 40℃后，将阀门 HV114、HV106、仪表电源开关关闭并将总电源切断。

3. 风冷器实验

（1）首先对风机、仪表及测温点是否正常进行检查。
（2）开启总电源开关及仪表电源开关。
（3）将普通管空气进口阀 HV105 打开，保持管路的畅通。

（4）启动在仪表控制柜上的风机按钮，同时通过控制仪表将风机流量设置自动，流量最大为 75m³/h；同时，将阀门 HV115 打开，将冷却水导入风冷器，冷却水的流量约为 9L/min。

（5）等风冷器空气进出口温度及冷却水进出口温度均稳定保持 2～5min 基本不变，将温度和流量记录下来。

（6）通过调节使空气流量改变，记录数据 2～4 组。

（7）实验结束时，首先关闭仪表控制柜上的风机开关，等冷凝器冷却水出口温度低于 40℃后，将阀门 HV105 和 HV115 关闭，并将仪表电源开关及总电源都切断。

六、实验注意事项

（1）在实验装置操作过程中，一般将蒸汽压力控制在 10kPa（表压）以下。

（2）一定要在稳定传热状态下测定各参数，且需一直关注压力表读数的调整和惰气的排空。热稳定时间通常需持续 15min 以上，以确保数据的真实可靠。

七、实验数据处理示例

A 套靠门（1）装置的原始数据记录如表 2-29 所示。

表 2-29　A 套靠门（1）装置原始数据记录

加热器内温度/℃	t_1/℃	T_1/℃	T_2/℃	管外蒸汽温度/℃	t_2/℃	V/(m³/h)
100.3	30.5	100	99.1	100.2	72.4	21.02
100.3	30.7	100.1	99.1	100.3	72.9	19.05
100.3	31.0	100.1	99.1	100.2	73.8	17.01
100.3	30.6	100.1	99.1	100.3	74.3	15.02
100.3	30.6	100	99.1	100.2	74.9	13.01

A 套靠窗（2）装置的原始数据记录如表 2-30 所示。

表 2-30　A 套靠窗（2）装置原始数据记录

加热器内温度/℃	t_1/℃	T_1/℃	T_2/℃	管外蒸汽温度/℃	t_2/℃	V/(m³/h)
100.5	29.6	99.6	99	99.7	71.5	20.39
100.5	29.7	99.6	99	99.8	72.2	17.77
100.5	29.9	99.6	99	99.9	73.3	14.93
100.5	29.8	99.7	99	99.9	74.5	11.79

A 套靠门（1）装置的数据处理结果记录如表 2-31 所示。

表 2-31　A 套靠门（1）装置数据处理结果记录

Q/W	α/[J/(m²·K)]	Nu（实验值）	Nu（理论值）	Nu 误差/%	$\ln(Re)$	$\ln(Nu/Pr^{-0.4})$
263.9353	114.3172	64.2613	66.3012	−3.0766	10.140	4.3084
240.8163	105.1289	59.0397	61.2180	−3.5582	10.040	4.2237
217.9556	96.7582	54.2498	55.8189	−2.8111	9.9249	4.1391
196.6600	87.7145	49.1725	50.5574	−2.7393	9.8012	4.0409
172.6814	77.9119	43.6415	45.0404	−3.1059	9.6568	3.9216

A 套靠窗（2）装置的数据处理结果记录如表 2-32 所示。

表 2-32　A 套靠窗（2）装置数据处理结果记录表

Q/W	α/[J/(m²·K)]	Nu（实验值）	Nu（理论值）	Nu 误差/%	$\ln(Re)$	$\ln(Nu/Pr^{-0.4})$
256.4809	109.5112	61.7119	64.9198	−4.9413	10.113	4.2678
226.6806	97.9110	55.1144	58.0985	−5.1362	9.9747	4.1548
194.4088	85.5799	48.0875	50.4592	−4.7004	9.7986	4.0185
158.1516	70.8172	39.7325	41.7329	−4.7935	9.5613	3.8277

拟合公式求常数 a 和指数 m，所得曲线如图 2-34 和图 2-35 所示。

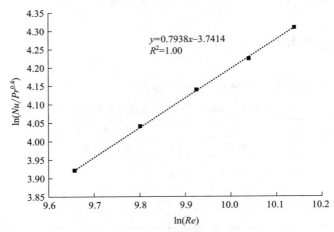

$$y=0.7938x-3.7414$$
$$R^2=1.00$$

图 2-34　横管靠门普通管拟合曲线图

$m=0.7938,a=\exp(-3.7414)=0.02372$

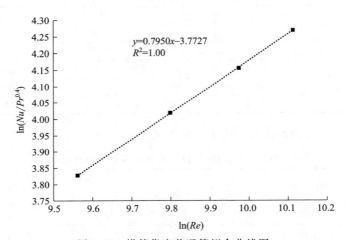

$$y=0.7950x-3.7727$$
$$R^2=1.00$$

图 2-35　横管靠窗普通管拟合曲线图

$m=0.7950$　$a=\exp(-3.7727)=0.02299$

数据处理举例 [A 套（1）]（下同）

$d=0.016\text{m}$　$l=1.02\text{m}$

$t_1=30.5℃$　$t_2=72.4℃$　$T_1=100℃$　$T_2=99.1℃$　$V=21.02\text{m}^3/\text{h}$

$\Delta t_\text{m}=[(T_2-t_1)-(T_1-t_2)]/\ln[(T_2-t_1)/(T_1-t_2)]=45.0314(℃)$

$\rho=1.2143\times10^{-5}t_1-4.5786\times10^{-3}t_1+1.2916=1.1523(\text{kg/m}^3)$　$t_\text{m}=t_1/2+t_2/2$

$\mu=(-2t_\text{m}^2\times10^{-6}+5t_\text{m}\times10^{-3}+1.7169)\times10^{-5}=1.9689\times10^{-5}(\text{Pa·s})$

$\lambda=0.0244-2t_\text{m}^2\times10^{-8}+8t_\text{m}\times10^{-5}=0.02846[\text{W}/(\text{m·K})]$

$c_p=1005\text{J}/(\text{kg·K})$

$A=\pi dL=3.1416\times0.016\times1.02=0.0512709(\text{m}^2)$

$Q=c_p m(t_2-t_1)=V\rho^{0.5}c_p(t_2-t_1)/3600=253.9353(\text{W})$

$Pr = c_p \mu / \lambda = 0.6952$

$K = Q/(A \Delta t_m) = 114.3172 \text{W}/(\text{m}^2 \cdot \text{℃})$

管外蒸汽传热，$K \approx \alpha$。

$Re = d\rho u / \mu$

$\quad = 4 \times 21.02 \times 1.1523^{0.5} \div 3600 \div 3.1416 \div 0.000019689 \div 0.016 = 25333.34572$

$Nu = \alpha d / \lambda = 114.3172 \times 0.016 \div 0.02846 = 64.2613$

Nu 理论值 $= 0.023(\lambda/d)Re^{0.8}Pr^{0.4} = 66.3012$

Nu 误差（％）$= (Nu - Nu$ 理论值$)/Nu$ 理论值 $\times 100\% = 3.077\%$

由 $Nu = a(\lambda/d)Re^m Pr^{0.4}$ 两边取对数得：

$\ln(Nu/Pr^{-0.4}) = m\ln(Re) + \ln a$

将 $\ln(Nu/Pr^{-0.4})$ 对 $\ln(Re)$ 作图，斜率 $m = 0.7938$，截距 $\ln a = -3.7414$，常数 $a = \exp(-3.7414) = 0.02372$。

八、思考题

1. 冷流体和蒸汽在实验中的流向，如何影响传热效果？

2. 求雷诺数时的密度值与在计算冷流体质量流量时所用到的密度值是否一致？它们表示的密度分别在什么位置？其计算应在什么条件下进行？

3. 在实验过程中，若不及时排走冷凝水，会有哪些影响？冷凝水如何及时排走？实验中若采用不同压力的蒸汽进行操作，会如何影响 α 关联式？

实验十 中空超滤膜分离实验

一、实验目的

1. 掌握超滤膜分离的基本流程。
2. 熟悉膜分离技术的特点。
3. 培养学生实验操作的能力。

二、实验内容

本实验所进行的超滤实验以聚乙烯醇大分子溶液为原料，对实验数据进行记录，通过超滤膜组件对聚乙醇的脱除率及回收率的计算，对影响超滤膜分离的主要因素及影响规律进行分析。

三、实验原理

液相膜分离过程由压力差推动，其可分为超滤、微滤、反渗透和纳滤等。一般可用"筛分"理论阐释超滤膜分离的机理。"筛分"理论认为，有很多不同孔径的微孔存在于膜表面，它们如同筛子，溶质和颗粒的分子直径若大于膜孔径则无法被滤过，由此实现分离的目的。

最基本的超滤器的工作原理如下：混合溶液在适当的压力作用下，从撑起的超滤膜表面滤过时，低分子溶质（如无机盐类）及溶剂（如水）会穿透超滤膜被汇聚收集；无法透过超滤膜的高分子溶质（如有机胶体）被截留后作为浓缩液回收。值得注意的是，仅使用"筛分"这一概念来分析超滤，并不十分全面。在很多时候，物料分离的支配因素确实是孔径大小；但在某些情况下，超滤膜材料表面的化学特性却能对截留起到关键作用。例如，有些溶剂分子和溶质分子比膜的孔径小，按"筛分"推断此时的超滤膜并不具有截留功能，但在实际过滤的过程中，它的分离效果却十分显著。因此，比较全面的解释应是：在使用超滤膜进行分离时，膜表面的化学性质与膜的孔径大小各自发挥不同的截留作用。不能将超滤现象完全归结为膜材料的孔结构，膜表面的化学性质也同样起着重要作用。

四、实验装置基本情况

中空超滤膜分离实验工艺流程如图 3-1 所示。

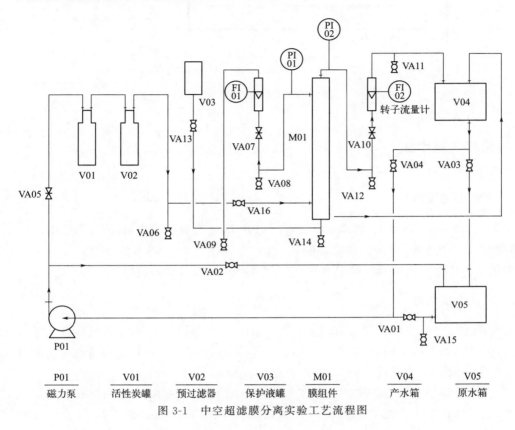

P01	V01	V02	V03	M01	V04	V05
磁力泵	活性炭罐	预过滤器	保护液罐	膜组件	产水箱	原水箱

图 3-1 中空超滤膜分离实验工艺流程图

VA02 为旁路开关；VA05 为管路流量调节阀；VA06、VA08、VA09、VA12、VA14、VA15 均为放净阀门；VA06、VA11 分别为原液及透过液的取样阀；VA07、VA10 分别为浓缩液和透过液的流量调节阀。

本实验采用的料液为聚乙烯醇（PVA）水溶液，将此料液由泵导入过滤器过滤，经膜的下部输送至膜组件。将料液分为：①透过膜的稀溶液，即透过液，经取样后透过液剩余部分完全返至原水箱 V05；②未透过膜的 PVA 溶液，即浓缩液，其完全返至原水箱 V05。中空超滤膜组件极易受到微生物的侵蚀，为防止膜组件因此产生破损，在闲置时需加入保护液。本实验中，给膜组件添加保护液的装置是保护液储罐，保护液使用超滤水配制的 1% 亚硫酸氢钠溶液，注满保护液储罐，避光保存，一般 3 个月更换一次；PP 棉（以聚丙烯为主要材料的人造化学纤维）及活性炭过滤器，即预过滤器，其用途是将料液中混杂的不溶性杂质拦截，来防止膜被堵塞。

中空超滤膜组件如图 3-2 所示，中空超滤膜组件主要参数：膜材料为聚砜；截留分子量为 6000；操作压力 ≤0.12MPa；正洗压力 ≤0.12MPa；膜面积大约 2m²；使用温度为 5～45℃；pH 范围为 2～13；颗粒粒径 <5μm。

流量计：0.5～4L/min；10～100L/h。

离心泵：扬程 12m；流量 50L/min。

722 型可见分光光度计。

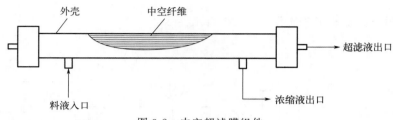

图 3-2　中空超滤膜组件

五、实验方法及步骤

1. 显色剂的配制

碘溶液（0.006mol/L）：称取碘 0.15g，KI 0.45g，定容在 100mL 的容量瓶中。

硼酸溶液（0.64mol/L）：称取硼酸 3.96g，定容在 100mL 的容量瓶中。

显色剂为以上硼酸溶液和碘溶液按 5：3（体积比）混合后的溶液。

2. 绘制标准曲线

首先配制 PVA 溶液，质量浓度为 100μg/mL，分别在 100mL 容量瓶中量取 2mL、4mL、10mL、25mL、50mL 浓度为 100μg/mL 的 PVA 溶液，在每个容量瓶中分别加入显色剂 10mL，定容，分别配制浓度为 2mg/L、4mg/L、10mg/L、25mg/L、50mg/L 的 PVA 溶液（具体浓度可根据实验要求自行选择，建议浓度最大不超过 50mg/L），充分混合后放入比色皿中对吸光度进行检测，依据朗伯-比尔定律，作出浓度与吸光度的关系曲线。

将 722 型可见分光光度计通电预热 20min 以上，将光波波长调节至 690nm；显色剂与 PVA 反应后生成的蓝绿色络合物在波长 690nm 处有一最大吸收峰，水中聚乙烯醇的含量可直接通过测取这一蓝绿色络合物的吸光度来求出。

3. 膜组件清洗

膜的使用范围相当广泛，其处理的介质也比较繁杂。在对料液的处理过程中，各种杂质产生的污染会吸附于膜表面，需要及时清理。为保证膜的使用性能恢复良好，延长其使用寿命，清理越及时越好。膜组件主要有物理清洗和化学清洗两种清洗方式。

物理清洗：通常使用完一批料液后，膜组件内剩余料液残渣使用清水冲洗干净。纤维外表面的污染物，经具有一定流速的清水冲洗可基本清除，清洗大约需要持续 20～30min。

化学清洗：化学清洗可用稀酸或稀碱进行，其他清洗剂亦可。通常，效果较好的是使用稀碱液清洗膜。视污染程度，在膜纤维外表面用 0.5%～1% 的氢氧化钠水溶液反复清洗或浸泡 20～6min，清除污染的效果比较理想。若有蛋白质掺杂在处理液中，可使用 0.5%～1% 碱性蛋白酶、胃蛋白酶进行反复清洗或浸泡。

4. 实验操作

（1）原料液的配制。配制 PVA 溶液作为原料液，质量浓度为 $100\mu g/mL$ 左右。溶解时先在冷水中将 PVA 固体边搅拌边加入并充分溶胀，再升温到 $95℃$ 加速溶解。

（2）在实验开始之前，对各个阀门进行检查，确保各个阀门均处于关闭状态。在水箱 2 中加入事先配好的 PVA 溶液，为确保水箱的水量够一次实验用再加一定量水。将磁力泵开关及阀门 VA02 打开，使溶液在水箱 2 中充分混合。将小旁路开关关闭，将阀门 VA05、VA07 及 VA10 打开，通过对 VA05 及 VA07 的调节，保证浓缩液维持 0.09MPa 出口压力，对所透过液流量的变化进行观察。同时，取跨膜压差（浓缩液出口压力－透过液出口压力）为 0.09MPa，透过液的浓缩液流量分别为 4L/min、3L/min、2L/min、1L/min、0.5L/min（每个流量稳定 2～3min 取样），分析透过液中 PVA 在原料液及不同流量下的含量。

本实验操作也可选择维持流量为 2L/min 浓缩液，通过对 VA05 及 VA07 的调节改变不同的跨膜压差（建议跨膜压差小于等于 0.1MPa），察看透过液的流量变化，同时对透过液的流量及 PVA 的含量在原料液及不同压力下的情况进行分析。

因本实验 PVA 固体溶解比较缓慢，实验过程中产生的透过液及浓缩液都返回水箱 1，下一组学生可省去配制原料液的过程，开启阀门 VA03 放入水箱 2 开始下一组实验。

在实验结束后，放净膜组件中的原料液，用超滤水冲洗膜组件以代替原料液。

如果不使用超滤组件时间过长（一周以上），保护液储罐须加入用超滤水或去离子水配制的 1% 亚硫酸氢钠保护液，然后将阀门 VA13 打开，等液面稳定后盖上盖子。

5. PVA 浓度测试方法

取样：每个流量保持 2～3min 稳定后，将阀门 VA06 打开，在 50.0mL 滴瓶中取原料液 30mL，同时开启阀门 VA11，在烧杯中取透过液 100.0mL，然后，用移液管取 5.0mL 原料液滴到 100mL 容量瓶中，加入显色剂 10mL，定容，保持显色 15min，检测；在 100mL 容量瓶中取显色剂 10mL，使用透过液定容至刻度，保持显色 15min，检测；将不同溶液的吸光度分别记录下来。

六、实验注意事项

（1）在膜组件进水开关打开时，保证膜组件浓水和产水侧的开关始终处于打开状态，即使在对进膜压力进行调节时，也不能将浓水侧开关全关。

（2）对进膜压力进行调节时一定要缓慢，防止瞬间增大压力，伤害到膜组件。

（3）在运行时增压泵有发热现象，应属正常状态。

（4）实验结束之后，放净两个水箱的水，特别是在冬季室温过低时，应保证水箱、管路及泵内的水不过夜，避免因结冰导致泵等部件损坏。

七、实验数据处理示例

按照表 3-1 所示记录实验条件和数据。

表 3-1　中空超滤膜分离实验表格示例

实验室温度：<u>18℃</u>　　　　　原料液浓度：<u>49.41×10^{-6}</u>　　　　日期：　　年　　月　　日

序号	进膜压力 /MPa	浓液流量 /(L/min)	清液流量 /(L/h)	吸光度	清液浓度 /×10^{-6}	脱除率 /%
1	0.55	0.5	40	0	1.806	96.3
2	0.5	1.3	30	−0.001	1.760	96.4
3	0.4	2	25	−0.001	1.760	96.4
4	0.3	2.1	23	0	1.806	96.3
5	0.2	2.3	20	0.001	1.853	96.2
6	0.1	2.5	15	−0.002	1.714	96.5

PVA 的脱除率：

$$f = \frac{原料液初始浓度 - 透过液浓度}{原料液初始浓度} \times 100\%$$

八、思考题

1. 超滤膜分离机理是什么？
2. 保护液加入超滤组件中的目的是什么？
3. 透过液流量及浓度受跨膜压力及总流量变化的影响是什么？
4. 料液温度提高对超滤有什么影响？
5. 依据实验结果，总结超滤膜相关特性。

实验十一　集成反应精馏实验（多功能特殊精馏实验）

一、实验目的

1. 掌握填料塔的结构、使用流程及其各部件的结构作用。
2. 学会正确操作精馏塔，掌握各种非正常情况下的调节处理。
3. 由无水乙醇的制备加深理解特殊精馏过程。
4. 学习并掌握对精馏过程做全塔物料衡算。
5. 熟悉精馏过程中的常减压操作、间歇与连续操作过程。

二、实验内容

1. 利用低浓度乙醇溶液对普通精馏、减压精馏进行操作。
2. 以无水乙醇、乙酸为原料，对间歇或连续反应精馏进行操作，分别取塔顶、塔釜的产品对色谱成分组成进行分析。

    3. 以 95％乙醇、乙二醇为原料制取无水乙醇，进行萃取精馏操作。

    4. 以 95％乙醇、正己烷为原料制取无水乙醇，进行恒沸精馏操作。

三、实验原理

1. 恒沸精馏操作

使用常规精馏方法在常压下分离乙醇-水体系，得到的乙醇浓度最高为 95.57％（质量分数）。通过分析得知，乙醇和水可形成恒沸点为 78.15℃ 的恒沸物，与乙醇的沸点仅相差 0.15℃，此恒沸物是均相最低恒沸物。为了区分，通常将浓度 95％ 左右的乙醇称为工业乙醇。

通过工业乙醇制备无水乙醇，一般使用恒沸精馏。恒沸精馏过程在实验室中的相关研究包括如下几方面内容：

（1）夹带剂的选择。选取夹带剂是恒沸精馏成功的关键，理想的夹带剂需满足下列条件：

①可以与原溶液中至少一个组分形成最低恒沸物，理想状态下原溶液中任一组分的沸点或夹带剂原来的恒沸点相比此恒沸物沸点都高 10℃ 左右。

②为减少夹带剂的用量，节省能耗，在形成的恒沸物中，应使夹带剂含量尽量低。

③容易回收。一方面，需要减少分离恒沸物所进行的萃取操作，得到的最低恒沸物应为非均相恒沸物；另一方面，其挥发度在溶剂回收塔中必须具有与其他物料非常大的差异。

④为节省能耗，汽化潜热应较小。

⑤具有无毒、易得、价廉、热稳定性高、腐蚀性小等优点。

适用工业乙醇制备无水乙醇的夹带剂有苯、环己烷、正己烷、乙酸乙酯等，水-乙醇体系与它们接触都能形成种类繁多的恒沸物。其中更重要的是，在室温下，三元恒沸物可以分为两相：一相含丰富的夹带剂，可做到循环使用；另一相含丰富的水，分离出来比较容易。整个分离过程因此得以简化。几种常用的夹带剂及其形成三元恒沸物的相关数据如表 3-2 所示。

表 3-2 常压下夹带剂与水、乙醇形成三元恒沸物的数据

组分			各纯组分沸点/℃			恒沸温度/℃	恒沸组成(质量分数)/％		
1	2	3	1	2	3		1	2	3
乙醇	水	苯	78.3	100	80.1	64.85	18.5	7.4	74.1
乙醇	水	乙酸乙酯	78.3	100	77.1	70.23	8.4	9.0	82.6
乙醇	水	三氯甲烷	78.3	100	61.1	55.50	4.0	3.5	92.5
乙醇	水	正己烷	78.3	100	68.7	56.00	11.9	3.0	85.02

本实验制备无水乙醇，夹带剂为正己烷。在乙醇-水体系中添加正己烷后，由乙醇-水-正己烷可形成一个三元恒沸物，三者两两相交又可形成三个二元恒沸物乙醇-水、水-正己烷、

乙醇-正己烷。它们的恒沸物性质如表 3-3 所示。

表 3-3 乙醇-水-正己烷三元系统恒沸物性质

物系	恒沸点/℃	恒沸组成(质量分数)/%			在恒沸点分相液的相态
		乙醇	水	正己烷	
乙醇-水	78.15	95.57	4.43		均相
水-正己烷	61.55		5.6	94.40	非均相
乙醇-正己烷	58.68	21.02		78.98	均相
乙醇-水-正己烷	56.00	11.98	3.00	85.02	非均相

（2）决定精馏区。恒沸物体系的精馏与普通精馏过程的不同之处，主要表现在恒沸物体系的精馏产物既决定于塔的分离能力，又与进塔物料组成限定在哪个浓度区域关联密切。在精馏塔中沿塔逐板向上，温度逐渐降低，极值点不会产生，因此，若塔的回流比、塔板数足够大，分离能力足够强，温度曲线的最低点即可表示为塔顶产物，其最高点可表示为塔底产物。所以，一旦在全浓度范围内温度曲线体现有极值点，该点即为精馏路线途经的阻碍。因此，精馏产物可以依据混合液的总组成来分区，这些区域即精馏区。在工业乙醇中添加标定数量的正己烷进行蒸馏时，可用图 3-3 来说明全部精馏过程。乙醇、正己烷和水的纯物质在图上分别用 A、B、W 三个点来表示，C、D、E 三个点分别代表三个二元恒沸物，T 点是中心，即 A-B-W 三元恒沸物。BNW 是 25℃时三元混合物的溶解度曲线。该曲线将大三角形分割为上下两个区域，上方为均相区，下方为两相共存区，温度变化会使该曲线上下移动。图中 T 点（室温下的三元恒沸物组成）处于曲线下方两相区内。

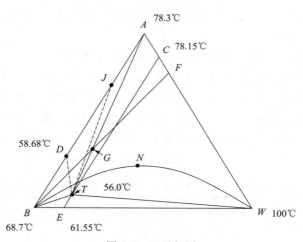

图 3-3 三元相图

围绕 T 点这个中心，分别连接点 A、B、W 和点 C、D、E，该三角形相图可分割成六个小型三角形区域。待塔顶混相回流（回流液与上升至塔顶的蒸汽组成一致）时，原料液的组成若限定在其中某个小三角形内，这个小三角形三个顶点各自所代表的物质就是间歇精馏所能获得的分离结果。由此可知，要将原料液的总组成限定在与顶点 A 关联的小三角形内，才可确保获取无水乙醇。大家知道乙醇-水的二元恒沸点几乎与乙醇沸点相同，两者仅相差 0.15℃，要将它们分离难度极大。相对来说，乙醇-正己烷的恒沸点与乙醇的沸点相差就比较大，达到 19.62℃，将其分离比较容易，因此，在三角形 ATD 内配制原料液的总组成是唯一选择。

图 3-3 中代表乙醇-水混合物的是组成点 F，不断加入夹带剂正己烷后，沿 FB 线，原料液的总组成将发生变化，并将相交 AT 线于点 G。这是实现分离目的所需的最少的夹带剂用量，一般称此时夹带剂加入的量为理论恒沸剂用量。若塔釜的分离能力非常强，那么在间歇精馏时，三元恒沸物从塔顶馏出（56℃），沿着 TA 线，釜液组成移向点 A。而在实际操作过程中，为保证塔釜脱水完全，一般总使夹带剂过量。因此，当三元恒沸物 T 从塔顶完全馏出后，紧随其后馏出的是沸点比它稍高的二元恒沸物，二元恒沸物完全馏出后，塔釜得到的即为无水乙醇，此效果为间歇操作特有。

如果将塔顶冷凝后的三元恒沸物（图中 T 点，56℃）分为两相，一相为富含正己烷的油相，另一相为水相，可采用分层器回流油相，如此，所用正己烷的量会比理论夹带剂的使用量低。实际的工业生产中采用的就是分相回流方法，夹带剂使用量少、提纯费用低廉是它的显著优点。

（3）夹带剂的加入方式。夹带剂通常和原料一起添加进精馏塔中，为确保塔中各板上都有足够浓度的夹带剂，针对不同的夹带剂选择不同的加入方式：挥发度低的夹带剂由加料板上部加入，挥发度高的夹带剂由加料板下部加入。

（4）恒沸精馏操作方式。恒沸精馏可以为连续操作，也可为间歇操作。

（5）夹带剂用量的确定。可采用三角形相图依据物料平衡式，来求得夹带剂理论用量计算的解。如果原溶液的组成是点 F，夹带剂 B 添加进入后，沿着 FB 线，物系的总组成将向点 B 方向移动。待物系总组成移动至点 G 时，正好可以利用三元恒沸物的形式将水带出，将单位原料液 F 作为基准，可对水做物料衡算，得

$$DX_{D水} = FX_{F水}$$
$$D = FX_{F水}/X_{D水}$$

夹带剂 B 的理论用量为

$$B = DX_{DB}$$

式中，F 为进料量；D 为塔顶三元恒沸物量；B 为夹带剂理论用量；X_{Fi} 为 i 组分的原料组成；X_{Di} 为塔顶恒沸物中 i 组成。

（6）夹带剂用量计算举例。用原料 95%（体积）（质量分数为 93.57%）的乙醇-水溶液，若取 200g 进行恒沸精馏，理论上需要的夹带剂正己烷的最小量为：

$$B = \frac{X_{F水}}{X_{D水}}FX_{DB} = \frac{1-93.57\%}{3\%} \times 200 \times 85.02\% = 364.4(g)$$

式中，$X_{F水}$ 为原料中水的含量，此处为 $100-93.57\% = 6.43\%$（质量分数）；$X_{D水}$ 为塔顶恒沸物中水的组成，3.0%（质量分数）；X_{DB} 为塔顶恒沸物中夹带剂的组成，85.02%（质量分数）。

2. 萃取精馏

萃取精馏是精馏操作的一种独特方式，将某种添加剂添加到被分离的混合物中，使原混合物中两组分间的相对挥发度（混合物中任一组分都不能和添加剂形成恒沸物）得以增大，进而使混合物更加易于分离。所添加的添加剂沸点需高于原溶液中各组分的沸点，为挥发度很小的溶剂（萃取剂）。

对相对挥发度比较低的混合物而言，萃取精馏方法效果显著。例如：异辛烷-甲苯混合

物的相对挥发度很低，无法使用普通精馏方法分离出较精纯的组分，当利用苯酚为萃取剂，连续从靠近塔顶的地方注入后，使物系的相对挥发度产生变化，因苯酚具有挥发度小的特点，可从塔底和甲苯一起排出，再由另一个普通精馏塔分离出萃取剂。再比如有共沸组成的甲醇-丙酮，使用普通精馏方法能得到的丙酮共沸物最大浓度仅为 87.9%，当利用极性介质水作萃取剂时，也能将共沸状态破坏，从塔底流出水和甲醇，即可分离出丙酮。共沸组成的水-乙醇使用普通精馏方法得到的乙醇最大浓度 95.5%，利用乙二醇作萃取剂时同样能将共沸状态破坏，从塔底流出乙二醇和水，则可分离得到高浓度乙醇。

萃取精馏有相对繁复的操作条件，萃取剂的使用剂量、进料的位置、料液间比例、塔的高度等都会对萃取精馏产生影响。萃取精馏的最佳值可通过实验或计算得到。选萃取剂的原则有：

① 要有高选择性；

② 用量必须少；

③ 挥发度必须小；

④ 回收容易；

⑤ 价格相对便宜。

乙醇-水二元体系可形成恒沸物（常压下恒沸物乙醇的质量分数 95.57%，恒沸点 78.15℃），难以用普通的精馏方法进行彻底分离。本实验制取无水乙醇选择乙二醇作为萃取剂，通过萃取精馏的方法使乙醇-水二元混合物分离。

通过化工热力学的研究，压力较低时的原溶液组分 1（轻组分）和 2（重组分）的相对挥发度表示为：

$$\alpha_{12} = \frac{p_1^s \gamma_1}{p_2^s \gamma_2} \tag{3-1}$$

式中　γ_1——组分 1 的活度系数；

　　　γ_2——组分 2 的活度系数；

　　　p_1^s——组分 1 在体系温度 T 时的饱和蒸气压；

　　　p_2^s——组分 2 在体系温度 T 时的饱和蒸气压。

萃取剂 S 加入后，组分 1 和 2 的相对挥发度 $(\alpha_{12})_S$ 则为：

$$(\alpha_{12})_S = \left(\frac{p_1^s}{p_2^s}\right)_{TS} \left(\frac{\gamma_1}{\gamma_2}\right)_S \tag{3-2}$$

式中，$(p_1^s/p_2^s)_{TS}$ 为萃取剂 S 加入后，三元混合物泡点下，组分 1 和 2 的饱和蒸气压之比。$(\alpha_{12})_S/\alpha_{12}$ 即为溶剂 S 的选择性，溶剂对原有组分间相对挥发度的改变能力即萃取剂的选择性，$(\alpha_{12})_S/\alpha_{12}$ 越大，萃取剂的选择性越高。

3. 反应精馏

随着精馏技术的持续完善，逐渐发展起来一种新型分离技术——反应精馏。利用特殊设计进行改造后的精馏塔，使用多种不同催化剂，可以在精馏塔中发生一些特殊反应，使产物的精馏分离效率提升。在精馏技术中，反应精馏是一个相对特殊的领域。

操作反应精馏的过程中，因同时进行化学反应和物理分离，一般产物被分离到塔顶排出，这样持续破坏反应平衡，使原料浓度在反应平衡中相对于产物而持续增加，导致平衡右移，所以较大地提升反应原料的总体转化率，使能耗相应降低。而在反应中原料与产物被精馏塔持续分离，得到的产品更加精纯，使后续分离和提纯工序的操作显著减少，能耗相应降低。此法应用在水解、酯化、醚化、酯交换等化工生产中，优越性显著。

区别于普通精馏，反应精馏过程同时具有物理相变的传递现象和物质变性的化学反应现象。两者不但共存，且相互影响，导致精馏过程复杂多变。在水解、合成、醚化、酯化、酯交换等反应精馏的过程中，一般在反应釜内发生反应，在反应的持续进行中原料的浓度持续下降，为了对反应温度进行控制，要用水不断地进行冷却，这样就会消耗大量的水。产物在反应后通常做两次精馏，第一次精馏分开产物和原料，第二次精馏将产品提纯。因精馏过程是在塔内发生反应，释放出的热量同时成为加热源，这样釜加热蒸汽的用量减少了。而精馏在塔内进行，浓度较高的产品在塔顶也能直接得到。通常来说，下列两种情况比较适合反应精馏：

（1）可逆平衡反应。通常来说，受到平衡影响的反应中，平衡转化率即最大转化率，所以在实际应用中，仅能在低于平衡转化率的水平维持反应。因而，产物中反应原料的含量巨大，且通常为降低成本，需保证价格较贵的原料完全反应，往往会过量使用其他物料，导致分离过程后续的操作难度增加，反而提高了成本。而酯化、醚化反应在精馏塔中进行时，因生成物中存在沸点差异较大的物质，与水接触会形成最低共沸物，进而不间断地从精馏塔顶的系统中排出，使塔中总是无法达到化学平衡，从而不断进行反应，向右不断移动，最后导致平衡转化率被反应原料的总体转化率超过，极大提升反应效率并降低能量消耗。因物质分离也同时在反应过程中发生，使后续工序分离的步骤和消耗减少，即可在反应中采用接近理论反应比的配料组成，既降低了精馏分离产品的处理量，又减少了原料的消耗。

（2）异构体混合物的分离。因异构体混合物的沸点较近，使用精馏方法分离提纯比较困难，比较好的办法是使化学反应在异构体某组分中发生，由此产出沸点不同的物质，这时即可使分离变得简便容易。

本实验为乙醇和乙酸参加的酯化反应，该反应如不添加催化剂，操作中单独采用反应精馏也无法使产物高效分离，主要原因是反应速率过慢，所以通常采用催化反应方式。实验有效的催化剂是酸，一般采用的是硫酸，随硫酸的浓度增大反应也相应加快，浓度为原料乙酸质量的 0.2%～0.5%，由于塔内温度不会限制其催化作用，所以催化反应可在全塔内进行。

本实验原料为乙酸和乙醇，以浓硫酸为催化剂，本实验为可生成乙酸乙酯的可逆反应。乙酸乙酯共沸物的组成及沸点如表 3-4 所示，反应的化学方程式为

$$CH_3COOH + CH_3CH_2OH \rightleftharpoons CH_3COOCH_2CH_3 + H_2O$$

表 3-4　乙酸乙酯共沸物的组成及沸点

沸点/℃	组成/%		
	乙酸乙酯	乙醇	水
70.2	82.6	8.4	9.0
70.4	91.9		8.1
71.8	69.0	31.0	

4. 普通精馏操作

化工工艺过程中一个重要的单元操作是精馏。精馏是现代化工生产中不可或缺的工艺过程，它的基本原理是利用混合物之间相对挥发度的不同与组分的气液平衡关系，使液体升温并汽化后触碰到回流的液体，逐级向上使易挥发组分（轻组分）增加浓度；而逐级向下使不

易挥发组分（重组分）增加浓度。如利用填料塔形式，对二元组分而言，则可在塔顶和塔底分别得到含量较高的轻组分和重组分产物。

　　本装置可供精细化工、有机化工、生物制药、石油化工等化工部门的教学、研发使用。使用本装置精制分离有机物质，可体现反应效率高、操作简便稳定、数据重现性好等优点。本装置在测定塔效率时可装填不同规格、尺寸的填料，可用于中间模拟试验及小批量的工业生产。

四、实验装置基本情况

1. 实验流程

　　多功能特殊精馏实验流程如图 3-4 所示。

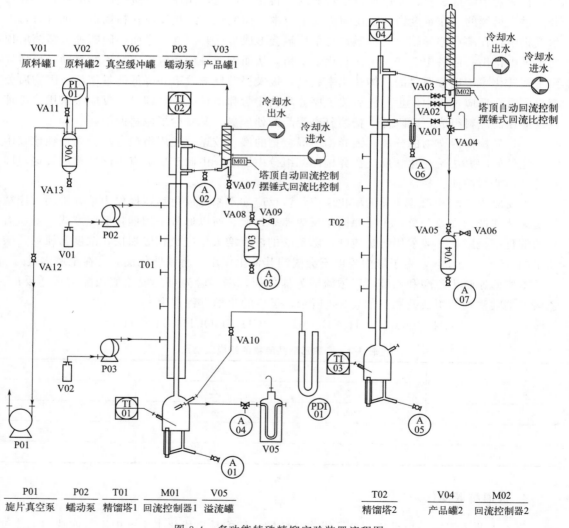

图 3-4　多功能特殊精馏实验装置流程图

TI-01—塔釜 1 温度；TI-02—塔顶 1 温度；TI-03—塔釜 2 温度；TI-04—塔顶 2 温度；A03—塔顶 1 取样；

A05—塔釜 2 取样；A02—塔顶 1 回流取样；A06—塔顶 2 水相取样

2. 流程说明

精馏塔 1 的精馏柱内径 $\phi 20mm$，填料层高 1.3m，填料为 $\phi 3mm \times 3mm$ 玻璃弹簧填料。塔外壁镀透明金属导电膜，接通电流加热塔身进行保温，上下导电膜的功率分别为 300W 左右。采用 1000mL 的四口烧瓶作为玻璃塔釜，塔身与其中的一个口相连，测温口为侧面的一个口，塔釜液相温度用其测量，另一口作为釜液溢流/取样口，还有与 U 形管压差计相连接的一个口。塔釜配备 530W 电加热套，可连续调节加热功率。蒸汽通过加热沸腾后经填料层进入塔的顶部，实验利用摆锤式回流比控制器操作塔顶冷凝液体的回流，由塔头上摆锤、回流比计时器、电磁铁线圈组成控制系统，控制准确灵敏，回流比的可调范围较大。

精馏塔 2 的精馏柱内径 $\phi 20mm$，填料层高 1.3m，填料为 $\phi 3mm \times 3mm$ 玻璃弹簧填料。塔外壁镀透明金属导电膜，接通电流可加热塔身进行保温，上下导电膜的功率各为 160W 左右。采用特殊设计的 500mL 四口烧瓶作为玻璃塔釜，塔身与主口相连，测温、加料、釜液取样分别使用三个侧口。采用电加热棒加热塔釜，加热功率为 200W，可连续调节加热功率。蒸汽通过加热沸腾后经填料层进入塔顶，将特殊的冷凝头安装在塔顶，以使不同操作方式的需要得到满足，流过分相器的冷凝液分为两相，上层富含正己烷为油相，下层则富含水，上层的油相经溢流口回流进塔，为了保证间歇操作时有足够的溢流液位，在实验完成后取出富水相。利用本装置既可完成分相回流，也可完成混相回流。当做混相回流操作时，控制回流比的是摆锤式回流比控制器，满足三元共沸物共沸剂配比要求的最初釜液组成和进料组成。在分相回流操作时，一起将待精制的乙醇和小于理论用量的夹带剂加入塔釜中，开始时先进行简单的蒸馏，当回流头被塔顶分相器内液面超过时，将不断有正己烷回流，持续将塔釜中的水带到塔顶。

为使得到的实验结果更加精确，建议塔釜、塔顶水相，塔顶油相组成采用气相色谱分析检测。

3. 设备参数

塔釜 1：容积 1000mL，含温度传感器套管，玻璃材质，1 个；
塔釜 2：直径 100mm，容积 500mL，带测温口和取样口，玻璃材质，1 个；
电加热套：1000mL 磁力平底电热套，额定功率 530W，额定电压 220V，1 个；
电加热棒：直径 10mm，额定功率 200W，额定电压 220V，1 个；
蠕动泵：转速范围 0.1～200r/min，2 台；
真空泵：电压 220V，抽速 1L/s，功率 250W，转速 1400r/min，1 台；
压力表：量程－0.1～0MPa，精度 1.6 级，1 个；
产品罐：$\phi 70mm \times 140mm$，2 个；
原料罐、溢流罐：$\phi 80mm \times 120mm$，3 个；
填料：$\phi 3mm \times 3mm$，玻璃弹簧填料。

五、实验方法及步骤

使用塔 1 操作的为普通精馏、减压精馏、萃取精馏、反应精馏；使用塔 2 操作的为恒沸精馏。

1. 间歇精馏操作

① 乙醇和水的混合液按一定浓度配制好后，将其加入塔釜中，加入的料液容积在釜容积的 2/3 以下，为防暴沸，需同时将几粒陶瓷环加入塔釜。连续精馏的初次操作还要将一些釜残液或被精馏的物质同时加入釜内。加热开启前，将冷却水通入塔顶冷凝器。本实验装置以精馏乙醇浓度 50%（质量分数）的溶液为例。

② 将总电源开关打开，仪表电源开启，仔细观察各测温点的指示是否正常。

③ 将塔釜 1 加热电源开关打开，功率调节为 20%～50%，加热刚开始时可稍稍调大，然后随温度升高做相应调整，当观察到冷凝液出现在塔顶时，调小釜加热功率。

注意：设定过低的釜加热功率，会使蒸汽上升到塔头较为困难，而过高的釜加热功率造成较大的蒸发量，容易导致液泛。升温前必须再次检查是否已将冷却水通入塔头，绝对不可以在出现蒸汽时再向塔顶通水，如此操作会使塔头炸裂。

④ 当塔釜液体沸腾开始时，将上下段保温电源打开，对保温功率进行调节，建议保温功率夏季调为总功率的 10%～25%（可根据实验现象适当调节），冬季时可适当调大，视具体环境而定。

注意：不能调节过大的保温功率，过大会导致过热，损毁加热膜，此外还会使塔壁过热成为加热器，使回流液体与上升蒸汽间进行的物质传递不能达到气液相平衡，反而导致塔的分离效率降低。

⑤ 在升温后注意塔顶和塔釜的温度变化，当观察到塔头内冷凝了塔顶出现的气体时，进行全回流持续 5min。

⑥ 等全回流稳定之后，将回流比控制器开关开启，回流比设置为 2～5。

⑦ 随着精馏的持续进行，乙醇被不断蒸出，乙醇浓度在塔釜内持续降低，温度持续上升。当釜液温度达到 78.3℃ 并开始迅速上升时，即可认为乙醇在塔釜内几乎蒸完，加热停止。

⑧ 取塔釜、塔顶液进行检测分析。

2. 连续精馏操作

① 初次操作连续精馏时，先将 300mL 质量分数 10% 的乙醇水溶液加入釜内。

② 加热开启前，将冷却水通入塔顶冷凝器，将塔釜 1 加热电源开关打开，功率调节为 20%～50%，加热刚开始时可稍稍调大，然后随温度升高做相应调整，当观察到冷凝液出现在塔顶时，调小釜加热功率。

③ 开启蠕动泵开关，加料速率调节为 2mL/min，进行持续精馏，质量分数 50% 的乙醇水溶液作原料液，当在塔头内冷凝了塔顶出现的气相时，进行全回流持续 5min，等全回流稳定之后，将回流比开启为 2～5。当塔顶和塔底的温度不再发生变化时，即可认为达到稳定，可收集并取样分析。

注意：蠕动泵的转速是直观调节的，需要在使用前进行标定，另外更换蠕动泵泵头硅胶管及换物料后都要先进行标定，然后换算成体积流量。

④ 在连续精馏操作的过程中，不要忘记观察塔釜内液面的高度，并将塔釜 1 溢流阀 A04 打开，保证进出物料尽量平衡。

3. 减压精馏操作

① 先往塔釜内倒入物料，将瓶塞密封好。本实验做间歇精馏，以质量分数 50％的乙醇水溶液 600mL 为例。

② 真空操作之前，为防止 U 形压差计内水分倒流到塔釜内，切记将 U 形压差计与塔釜 1 之间的阀门 VA10 关闭，将阀门 VA12 打开，然后将真空泵开启，通过对 VA11 的调节，使体系保持一定的真空度（建议真空表表压在 -0.02～-0.1MPa 范围内）。

③ 等全回流稳定持续 5min，将回流比调节为 2～5，记录塔顶和塔釜温度，用常压精馏与之进行对比。

④ 塔顶取样真空操作。待稳定真空操作系统之后，对塔顶产品通过塔顶取样瓶进行取样，将 VA08 关闭，将 VA09 缓慢打开进行压力缓冲，然后将 A03 打开将样品放到样品瓶中。

⑤ 实验结束之后，进料停止。若是真空操作，将抽真空停止，真空泵关闭，将放空阀 VA11 缓慢打开，以对系统压力缓冲。停止通冷却水需等塔头无蒸汽上升时。

4. 萃取精馏操作

① 首先，为防止釜液爆沸，将少许沸石加入塔釜 1 内，再将乙二醇 120mL，95％乙醇（本书所用 95％乙醇均为体积分数）30mL 装入塔釜内；将 500mL 乙二醇加入乙二醇原料罐中，另将 500mL 95％乙醇加入另一原料罐内。

② 对蠕动泵转速做调节，使得乙二醇维持在 2.1mL/min（转速约 9r/min）的进料速度，乙醇水溶液维持在 1.0mL/min（转速约 4r/min）的进料速度。乙二醇不应有超过 8mL/min（转速约 36r/min）的进料速度，乙醇水溶液不应有大于 4.0mL/min（转速约 16r/min）的进料速度，进料太快会导致太多上升蒸汽，填料层有液泛现象出现，造成分离的效果变差。如果萃取精馏效果不够理想，实验过程中可以适当将乙醇和乙二醇的进料比例调节为 1∶3（体积比）。

③ 将塔顶冷却水打开，适当控制水流大小，节约用水的同时尽量确保冷却效果。将电加热套打开并调节加热功率 30％～50％，当塔釜温度达到 60℃时，将塔身上下段保温分别开启，对保温电流做调节，建议保温电流夏季为总功率的 10％～25％（可根据实验现象适当调节），冬季可适当调大，视操作环境而定。其中上段加热功率应该小于下段加热功率，由用户摸索具体参数。对实验开始的时间做记录，记录塔釜温度、塔顶温度、塔釜加热功率、保温电流，每隔 5min 一次。当开始有液体回流塔顶时，全回流持续 5min 后，将回流比调节为 2～5，并开始收集塔顶流出产品至产品罐，进行气相色谱分析。每隔 30min 取塔顶产品，如乙醇含量在塔顶未达到要求，需对加料速度或加热功率进行及时调整。

5. 反应精馏操作

连续反应精馏操作：

① 分别往两只 250mL 烧杯中加入 99.5％乙酸 170mL 和 99.7％无水乙醇 180mL（分别用量筒大约量取），用滴管加入，并在天平上称量直到乙酸为 180.0g，乙醇为 150.0g，在乙酸中用滴管加入 5～10 滴浓硫酸，然后往 1000mL 的塔釜中一起加入乙醇和乙酸。

注意：乙醇和乙酸摩尔比通常为（1.03～1.05）∶1.0，按加入乙酸的理论质量确定浓硫酸加入量，通常在 0.2%～0.5%（质量分数），反应速率随浓硫酸加入量的加大而加快。调整浓硫酸的加入量，可决定实验时间。

② 将 200g 乙酸加入乙酸原料罐中，并将约 0.5g 浓硫酸滴入，将 150g 无水乙醇加入乙醇原料罐中。

③ 将塔顶冷却水打开，开启电加热套并调节功率为 30%～50% 进行加热，当塔釜温度达到 60℃ 时，将塔上下段保温分别开启，对保温功率进行调节。对实验开始的时间做记录，记录塔顶温度、保温功率、塔釜温度、塔釜加热功率，每隔 5min 一次。将蠕动泵开启，经调节后乙酸进料 2mL/min，乙醇进料 1.98mL/min，当已有液体回流至塔顶时，全回流持续 5min 后，将回流比调节为 2～5，同时收集塔顶流出产品至产品罐，进行气相色谱分析。需每隔 30min 取塔顶产品，按乙酸乙酯在塔顶的含量，需对加料速度或加热功率进行及时调整。

6. 恒沸精馏操作

（1）间歇混相回流操作。

① 依据三元恒沸组分加料，取 95% 乙醇 100g，在 500mL 塔釜中加入夹带剂正己烷 183g（此塔釜加料量下，实验时间约为 2～3h，可以根据教学课时对加料量进行适当调整，可自行计算塔釜加料量）。

② 将塔顶冷却水开启，加热塔釜，对电压给定旋钮进行调节，加热刚开始时可稍稍调大，然后随温度升高做相应调整，观察到冷凝液出现在塔顶时，即调小釜加热功率。当塔釜开始沸腾时将塔身上下段保温加热打开，上段加热功率要略小于下段加热功率，但不能超过 30W。

注意：设定过低的釜加热功率，会使蒸汽上升到塔头比较困难，而过高的釜加热功率造成较大的蒸发量，容易导致液泛。升温前必须再次检查是否已将冷却水通入塔头，绝对不可以在出现蒸汽时再向塔顶通水，如此操作会使塔头炸裂。

③ 一段时间之后，当有冷凝液产生在塔头时，将 VA01、VA03 打开，全回流持续 5～10min，等塔釜、塔顶温度稳定后，将 VA01 关闭，将 VA02、VA04、VA05、VA06 打开，回流比调节为 2～5。塔顶、塔釜温度每隔 5min 记录一次。

④ 当塔釜温度稳定并恒定在乙醇沸点附近时，可取塔釜液做气相色谱分析，如釜液乙醇浓度达到 99% 以上，水、正己烷在塔釜内基本蒸出完毕，即可停止实验，将塔釜加热关闭，将塔身上下段加热关闭，将回流比控制器关闭，当塔顶温度降至 45℃ 时，将冷凝水关闭。

注意：当塔釜温度升高时，会出现塔顶冷凝量降低的现象，塔顶温度的计量会不准确，须将加热功率增大，使塔顶冷凝量保持基本不变。

⑤ 取样。

进行塔底取样时，将阀门 A05 打开取样，做色谱分析，釜液浓度检测为 X_W。

用分液漏斗将塔顶馏出物中的两相分离，对水相和油相分别进行称重。塔釜产品（包括釜液和取样两部分）的质量用天平称量。

注意：若因温度过高导致取样过程中不容易打开阀门时，可用湿毛巾包裹住阀门进行降温，再轻轻旋转，以免拧坏旋塞。

⑥ 在分相器内的液体为油水混合物，仔细观察可发现，在分相器的下端有分层，下层为水相（主要成分为水），上层为油相（主要成分为正己烷）。

⑦ 当塔顶温度下降到 40℃ 以下时，将总电源、冷却水关闭，实验结束。

（2）间歇分相回流操作（时间约 4～5h，为选做实验）。

① 实验采用小于理论用量的分相回流夹带剂的加入量。取 95% 乙醇 300mL，夹带剂正己烷 180mL，往 500mL 塔釜中加入。

② 将塔顶冷却水打开，加热塔釜，对电压给定旋钮进行调节，加热刚开始时可稍稍调大，然后随温度升高做相应调整，当有冷凝液出现在塔顶时，调小釜加热功率。

注意：设定过低的釜加热功率，会使蒸汽上升到塔头比较困难，而过高的釜加热功率造成较大的蒸发量，容易导致液泛。升温前必须再次检查是否已将冷却水通入塔头，绝对不可以在出现蒸汽时再向塔顶通水，如此操作会使塔头炸裂。塔身上段加热功率要略微低于下段加热功率，不能超过 30W。

③ 将 VA01、VA02、VA03 打开，一段时间之后，当有冷凝液产生于塔头时，全回流持续 5～10min，将 VA01 关闭，分相器内液体随着实验的进行发生分层，等经 VA02 上层油相可以回流到塔内时回流通过上层溢流完成，将塔釜内的水不断带出，每隔 20～30min 在塔釜取样，等水在塔釜组分中含量降至 0.5% 左右时，水在塔釜中已经被带完，可将水相分至产品罐中，再通过简单蒸馏，将正己烷在塔釜中的剩余量蒸到塔顶。

注意：实验过程要对分相器中水相液面高度随时观测，如水相高度趋近溢流口，可适当将部分水相放出，以防止水相通过溢流口进入塔内，使分离效率受到影响，导致实验时间增加。

④ 观察塔顶和塔釜温度，当塔釜温度稳定 3～5min 并恒定在乙醇沸点附近时，剩下的乙醇浓度较高，即可取塔釜液进行分析，将塔釜加热关闭。

⑤ 取样。

可通过取样阀 A05 塔底取样进行色谱分析，釜液浓度检测为 X_W。

用分液漏斗将塔顶馏出物中的两相分离，对水相（包括塔顶采出的水相和下层水相两部分）和油相分别进行称重。塔釜产品（包括釜液和取样两部分）的质量用天平称量。

⑥ 当塔顶、塔釜温度下降到 40℃ 以下时，将总电源、冷却水关闭，实验结束。

六、实验注意事项

（1）在精馏实验中，一定要先将冷凝水打开，再开启塔釜加热。
（2）塔体保温不能使用太大功率，需根据环境微调温度。
（3）结束真空精馏时，一定将真空缓冲罐放空阀打开。
（4）每次实验前，对塔 1 首先检查是否打开真空缓冲罐放空阀 VA11。
（5）若反应系统的压力突然发生变化，应为有大泄漏点，应立即停止实验检查。
（6）操作时观察到玻璃夹套内出现雾状物，应是在连接处有泄漏，必须将塔拆开检查。
（7）使用蠕动泵前，需要标定流量系数。

七、实验数据处理示例

注意：所用原料在实验中均为分析纯试剂，无特殊说明 95% 乙醇均是按体积分数计，以下实验数据仅供参考。

（1）连续反应精馏操作。

塔釜原料：180g 乙酸，150g 无水乙醇，浓硫酸 5～10 滴。

全回流稳定 20min，乙酸进料 2mL/min，乙醇进料 1.98mL/min，回流比为 3，回流周期 3s。塔况稳定后，塔釜温度 81.8℃，塔顶温度 70.3℃，产品以三元恒沸物形式存在，塔顶产品罐取样，检测结果示例如图 3-5 所示。

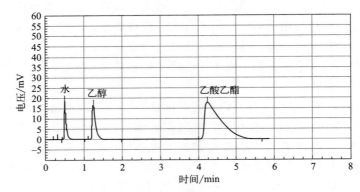

分析结果表

峰号	峰名	保留时间/min	峰高	峰面积	含量/%
1		0.307	146.538	357.200	0.0000
2	水	0.498	18647.057	63292.398	9.1282
3	乙醇	1.248	16700.613	100690.602	14.5474
4	乙酸乙酯	4.240	17837.830	528746.125	76.3244
总计			53332.038	693086.325	100.000

图 3-5　连续反应精馏操作检测结果分析图

从色谱检测结果可以看出，连续反应精馏塔顶乙酸乙酯含量为 76.32%。

（2）连续萃取精馏操作。

塔釜原料：乙二醇 120mL，95% 乙醇 30mL。

进料：乙二醇 2.1mL/min，95% 乙醇 1mL/min，回流比为 3，回流周期 3s。塔况稳定后，塔釜温度 172.5℃，塔顶温度 78.3℃，塔顶产品罐取样，检测结果示例如图 3-6 所示。

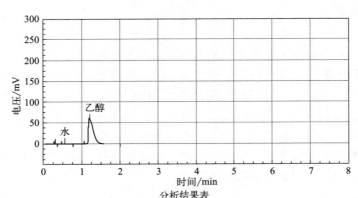

分析结果表

峰号	峰名	保留时间/min	峰高	峰面积	含量/%
1		0.315	80.182	133.100	0.0000
2	水	0.557	1014.886	3996.500	0.5344
3	乙醇	1.215	60916.895	512668.406	99.4656
总计			62011.962	516798.006	100.000

图 3-6　连续萃取精馏操作检测结果分析图

从色谱检测结果可以看出，连续萃取精馏乙醇含量为 99.47%。

（3）恒沸精馏：分相操作。

原料：95%乙醇 300mL，正己烷 180mL。塔况稳定后，塔釜温度 62.5℃，塔顶温度 57℃。从塔釜取样，检测结果示例如图 3-7 所示。

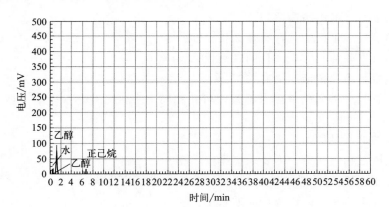

分析结果表

峰号	峰名	保留时间/min	峰高	峰面积	含量/%
1		0.298	124.167	266.400	0.0000
2	水	0.523	1420.614	6070.515	0.6190
3	乙醇	0.957	42.071	168.688	0.0211
4	乙醇	1.132	78932.836	760027.813	94.9697
5	正己烷	6.690	1462.474	43711.500	4.3902
总计			81982.162	810244.916	100.000

图 3-7 恒沸精馏操作检测结果分析图（一）

从结果可看出，塔釜水分降至 0.619%，此时可将塔顶水相放出，将塔釜正己烷完全蒸出，最终塔釜温度 78.3℃，从塔釜取样，检测结果示例如图 3-8 所示。

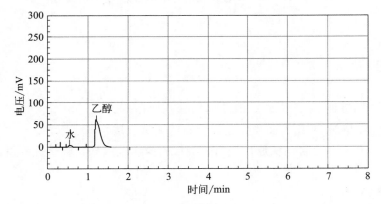

分析结果表

峰号	峰名	保留时间/min	峰高	峰面积	含量/%
1		0.315	104.895	212.300	0.0000
2	水	0.548	1778.056	3156.040	0.6084
3	乙醇	1.207	60387.266	515588.313	99.3916
总计			62270.216	518744.353	100.000

图 3-8 恒沸精馏操作检测结果分析图（二）

最终塔釜产品乙醇含量为 99.39％。

八、思考题

1. 什么物系对于恒沸精馏适用？
2. 恒沸精馏对夹带剂的选择有什么要求？
3. 夹带剂有哪些加料方式？目的各是什么？
4. 哪些因素与恒沸精馏产物有关？
5. 以正己烷为夹带剂制备无水乙醇，可在相图上分成几个区？怎样分？本实验拟在其中哪个区操作？原因是什么？
6. 夹带剂的加入量如何计算？
7. 要做全塔的物料衡算，需要采集哪些数据？
8. 采用分相回流的操作方式，是否可以减少夹带剂用量？
9. 应采取什么措施提高乙醇产品的收率？
10. 由哪几部分组成实验精馏塔？对动手安装的先后次序做出说明，有什么理由？
11. 设计原始数据的记录表。
12. 夹带剂的最小用量说明了什么？为什么不能再小？
13. 按照绘制相图，简要说明精馏过程。
14. 分析本实验过程对乙醇收率的影响。

实验十二 比表面和微孔分析实验

一、实验目的

1. 深入理解 BET 吸附等温式及 BET 多分子层吸附理论。
2. 熟悉固体样品 BET 比表面积和孔径分布的测试方法与测试原理。
3. 学会 ASAP2460 全自动快速比表面分析仪的操作过程和相应软件的使用方法。

二、实验内容

1. 使用 N_2 吸脱附法，通过 ASAP2460 全自动快速比表面分析仪，对多壁碳纳米管（MWCNS）、纳米二氧化硅（SiO_2）微球、铁粉以及镍粉等四种粉末样品的 BET 比表面积和孔径分布进行测试。
2. 依据测试结果的有关数据，对各样品的 N_2 吸脱附曲线进行绘制。
3. 依据测试结果的有关数据，得出各样品 BET 比表面积的推导过程。

三、实验原理

1. 比表面积

固体颗粒的许多物理化学性质受其表面的影响很大。在对固体表面物理量的表征中，其中重要的一个是比表面（积）。比表面分为体积比表面和质量比表面。单位体积固体所具有的表面积就是体积比表面，包括外表面积和内表面积；单位质量固体所具有的表面积就是质量比表面，简称比表面，常用单位为 m^2/g。

测量比表面的方法非常多，依据所采用的原理可分为：热传导法、浸润热法、消光法、溶液吸附法、流体透过法和气体吸附法，其中流体透过法和气体吸附法应用最为广泛。

大家知道，原子或分子处于固体表面时具有表面自由能，因而，在气体分子与固体接触时，有一部分会短暂停留在其表面上，使得气相中的浓度小于固体表面上气体浓度，此现象称为气体在固体表面的吸附作用。一般称能有效地吸附气体的固体为吸附剂，而称被吸附的气体为吸附质。

用气体吸附法对固体比表面进行测定的基本方法是：先将在单位质量固体（吸附剂）表面上某吸附质分子铺满一个单分子层所需的分子数测算出来，再依据在固体表面每个该种吸附质分子所占的面积，即可计算出此固体的比表面。因此，气体吸附法实质上是通过测定某种吸附质的单分子层饱和吸附量来测定固体的比表面。在对吸附质在固体样品表面的单分子层吸附量进行确定时，BET 吸附等温式是最常使用的吸附等温式，称此时的气体吸附法为BET 法，也就是给定一定温度下的吸附剂和吸附质一系列相对压力与吸附量（脱附量）之间的关系。通常认为测定固体比表面的标准方法是其中的氮吸附 BET 法。氮气具有化学性质极不活泼的特质，低温时基本不会有化学吸附发生，具有优异的准确度和可靠度，而且，它有非常小的分子截面积，可以深入非常狭窄的细孔中，能够被固体样品的绝大部分表面（包括内表面）吸附。

2. BET 吸附等温式和测定固体样品比表面的 BET 法

Brunauer，Emmett 和 Teller 在 1938 年提出关于多分子层物理吸附的 BET 理论，同时推导出相对应的 BET 吸附等温式。

BET 理论的基本假设是：使用具有均匀表面且分子之间无相互作用的吸附质；能够发生多分子层吸附；第二层以后各层的吸附热均与吸附质的液化热相等。依据这些假设，即可导出多分子层物理吸附的 BET 二常数公式：

$$\frac{p}{V(p_0-p)}=\frac{1}{V_mC}+\frac{C-1}{V_mC}\times\frac{p}{p_0} \tag{3-3}$$

式中，V 为气体平衡压力 p 时的吸附量；V_m 为在固体表面形成单分子吸附层时需要的气体体积，当固体样品的种类及吸附质气体的种类、质量确定后，V_m 为常数；p_0 为吸附温度下吸附质气体的饱和蒸气压；p/p_0 为相对压力；C 为常数，与吸附热有关。

因而，经实验测定不同相对压力 p/p_0 下的吸附量 V，如果实验结果符合 BET 二常数公式，则以 $\frac{p}{V(p_0-p)}$ 对 $\frac{p}{p_0}$ 作图，得到的为一条直线，其斜率 $a=\frac{C-1}{V_mC}$，截距 $b=\frac{1}{V_mC}$。

这样可以得出单分子层的吸附量

$$V_m = \frac{1}{斜率 + 截距} = \frac{1}{a+b}$$ (3-4)

如果固体表面每个吸附质分子所占的截面积都是已知的，那么固体样品的比表面 S 可以按照下式计算：

$$S = \frac{V_m N_A \sigma}{22400 W}$$ (3-5)

式中，V_m 为标准状态下的体积，mL；N_A 为阿伏伽德罗常数；σ 为表面上每个吸附质分子所占的截面积；W 为固体样品的质量，g；22400 为标准状态下 1mol 气体的体积，mL。这种依据 BET 二常数公式对固体样品比表面进行测量的方法称为 BET 作图法。

求吸附质分子截面积的方法有多种，应用较多的一种方法是利用下式进行计算：

$$\sigma = 1.09 \left(\frac{M}{N_A d} \right)^{2/3}$$ (3-6)

式中，M 为吸附质分子量；d 为吸附温度下吸附质密度。对氮气而言，在 77K 时常取 σ 的值为 0.162nm^2（16.2Å^2）。

此处必须指出，仅在相对压力 p/p_0 为 0.05～0.35 范围内，BET 二常数公式是适用的，在测定吸附量和处理数据时，对此要格外注意。

当 $C \gg 1$ 时（很多吸附剂在 77K 吸附 N_2 时 C 值都非常大），式(3-3) 可化简为：

$$\frac{p}{V(p_0 - p)} = \frac{p}{V_m p_0}$$ (3-7)

将 $p/[V(p_0 - p)]$ 对 p/p_0 作图，将得到截距为零的一条直线，并且：

$$V_m = \frac{1}{斜率}$$ (3-8)

$$V_m = \frac{p_0 - p}{p_0} V$$ (3-9)

因此，此种情况下只要测量出 p/p_0 在 0.05～0.35 间任何一点对应的吸附量 V 值，就能按式(3-7) 计算出 V_m，这种方法即 BET 单点法。

3. 孔径分布

孔体积是单位质量的固体物质在一定孔径分布范围内的孔体积的值，孔径分布是多孔材料的孔体积相对于孔径大小的分布。

(1) 微孔结构分析。HK 方程法，是利用微孔样品上的 N_2 吸附等温线计算有效孔径分布的半经验方法；

基于假设：

① 吸附压力小于或者大于所对应的孔尺寸的一定值，微孔完全倒空或完全充满；

② 吸附相表现为二维理想气体。

H-K 改进式（适用于圆柱孔、狭缝孔及球形孔）：

$$RT\ln(p/p_0)+\left(RT-\frac{RT}{\theta}\ln\frac{1}{1-\theta}\right)$$

$$=N_A\frac{N_aA_a+N_bA_b}{\sigma^4}\times\left[\frac{\sigma^4}{3(L-d_0)^3}-\frac{\sigma^{10}}{9(L-d_0)^9}-\frac{\sigma^4}{3d_0^3}+\frac{\sigma^{10}}{9d_0^9}\right] \tag{3-10}$$

式中，N_A 为阿伏伽德罗常数；N_a，N_b 分别为单位吸附质面积与单位吸附剂面积的分子数；A_a，A_b 分别为吸附质和吸附剂的 Lennard-Jones 势常数；σ 为气体原子与零相互作用能处表面的核间距；L 为狭缝孔两平面层的核间距；d_0 为吸附质和吸附剂原子直径的算术平均值。

（2）介孔与大孔结构分析。BJH 法，依据已测定的等温吸脱附曲线，利用逐次计算法分别算出孔容-孔径分布、总孔体积和平均孔径。

依据：毛细凝聚理论（在一个毛细孔中，如能生成一个液面呈凹形，同一温度下平液面的饱和蒸气压力 p_0 一定大于与该液面成平衡的蒸气压力 p）。

基于假设：所吸附的氮分子以与液氮相同的密度存在。

通过毛细凝聚现象可导出凯尔文方程，其表达了毛细凝聚时孔径（r_k）与相对压力（p/p_0）的关系：

$$r_k=-0.414/\lg(p/p_0) \tag{3-11}$$

赫尔塞方程展示了孔内表面吸附层厚度（t）与相对压力（p/p_0）的关系，用以去除大孔壁厚度增加时的氮气吸附量：

$$t=0.354\left[-5/\ln(p/p_0)\right]^{1/3} \tag{3-12}$$

若孔容和孔径已知，即可得到孔的内表面积：

柱形孔：
$$D=4V/S \tag{3-13}$$

缝隙型孔：
$$D=2V/S \tag{3-14}$$

孔径分布的表征分布：

积分分布，亦即累计分布，可测算出任何孔径范围的孔体积及总孔体积的值。

微分分布，即孔容随孔径的变化率，是孔容增量与孔径增量的比值。

微分分布曲线上最高点对应的是多孔材料重要的特征——孔径。

四、实验装置基本情况

BET 法测定比表面实验的流程如图 3-9 所示。

所需仪器设备与试剂：ASAP2460 全自动快速比表面分析仪；杜瓦瓶；液氮；高纯氦气（纯度≥99.999%）与氮气（纯度≥99.999%）的混合气（体积比 80：20）；高纯氮气（纯度≥99.999%）；高纯氦气（纯度≥99.999%）；标准样品；待测样品。

五、实验方法及步骤

1. 样品准备

（1）清洗并烘干样品管，做标识。

（2）样品的预处理。先在惰性气氛（N_2）或真空中 90℃ 左右下将待测样品预处理 1h，

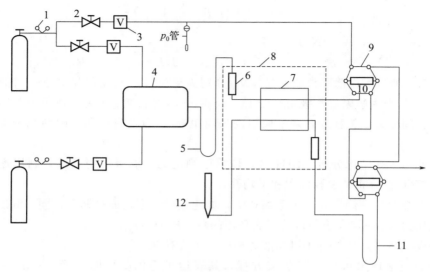

图 3-9 BET 法测定比表面流程图

1—减压阀；2—稳压阀；3—流量计；4—混合器；5—冷阱；6—恒温管；7—热导池；

8—油浴箱；9—六通阀；10—定体积管；11—样品吸附管；12—皂末流速计

去除样品中的水汽；再将处理温度升到 350℃，处理 8h，将样品吸附的杂质脱除。若样品热稳定性较好，结合具体情况，可适当升高预处理温度。预处理后的样品须立即进行测试（否则需放在干燥器中，避免受潮）。

（3）样品量填装的选择。根据样品的密度、比表面大小确定样品的具体填装量，要求同时测量的几个样品的吸附量相差很小，在同一数量级上。通常认为样品量以使总比表面积在 $40m^2$ 左右为宜，因此比表面小的样品样品量应多些，而比表面大的样品样品量应少些。样品量不能超过样品管下部球形管体积的 2/3，以确保气体流过有足够的空间。为了减小误差，测量比表面较小的样品时，样品的填装量以"样品管下部球形管稍留气体通道"较为稳妥。

（4）样品质量的称量。使用灵敏度为 0.0001g 的天平称量样品。先将空干燥样品管的质量称出，在样品管中填装适量的样品，称出样品和样品管的总质量，使用差减法得出样品的准确质量。将样品脱气之后冷却到室温，再称出样品和样品管的总质量，使用差减法精确求出样品的质量（要将空样品管和塞子组装在一起，仔细称量其质量，在样品脱气之后，样品管需重新称量，即样品和塞子的组件总质量。认真记录在记录本上）。

（5）样品管的安装。样品管安装时，将等温隔套套在样品管外面，保证样品管整个处于同一温度下，另外，需注意要使样品管尽量贴紧 p_0 管（饱和蒸气压管），以使样品管在浸泡入液氮中时，p_0 管和样品管底部处于同一位置，可使 p_0 管测量所得的温度和压力与样品管的真实温度和压力更加接近。

2. 实验步骤

（1）开启电脑并将 ASAP2460 电源开关打开。

（2）双击 ASAP2460 软件图标，将软件打开。

（3）将氮气、氦气气瓶打开，将气瓶出口压力设定为 0.1MPa。

（4）预热仪器，持续稳定 30min。

（5）样品分析文件的建立：

a. 点击 File→New Sample 及 Replace All，将内存中的分析模板调用（介孔分析模板，BET 及总孔容模板，微孔加介孔分析模板或同样材料状态的分析文件等）作替代，恢复样品文件至相同的参数状态；

b. 对样品标识 Sample，递送者 Submitter 及操作者 Operator 栏目进行编辑；

c. 将样品质量输入 Mass 栏目内；

d. 点击 Save 后，点击 Close，以约定名称保存文件。

（6）样品脱气后转移至分析口：

a. 将连接头和密封圈在样品管口处装好，将样品管口安装至分析口上，上紧；

b. 安好 p_0 管并将它移至样品管旁边，在样品管上安装杜瓦瓶口盖。

（7）将液氮加入分析口杜瓦瓶：

a. 将保护用品穿戴好，防护镜必须戴上，戴好保温手套。

b. 辅助工具可以采用"加热水壶"，先在"加热水壶"中加满液氮，然后用加满液氮的"加热水壶"将分析口的杜瓦瓶分别加满液氮。若使用液氮泵，则直接在分析口的杜瓦瓶中放入液氮泵管，将液氮加满。

c. 要缓缓地往杜瓦瓶里加液氮，将对杜瓦瓶的热冲击降到最低，然后使用液位检测"十字架"对液氮液面进行检查，确保其不高于孔。

d. 分析口加好液氮，将安全罩挂好。

（8）进行分析：

a. 在 Unit1 菜单中有四种分析方式，分析可选择其一进行。四种分析方式如下：Start Analysis，可以分别开始分析单独的每一个分析口，可以添加闲置的分析口在未来的分析中进行分析，只对比表面积分析和介孔分布适合；Start Krypton Analysis，可以同时开始对若干个分析口进行比表面积分析，不可以添加闲置的分析口在未来的分析中进行分析；Start High Throughput Analysis（低压进气模式设置，测微孔），可以同时开始对若干个分析口进行比表面积和分布分析，不可以添加闲置的分析口在未来的分析中进行分析；Start Micropore Analysis（测介孔），可以同时开始对若干个分析口进行介孔分布、微孔和比表面积分析，不可以添加闲置的分析口在未来的分析中进行分析。

b. 点击 Browse 对分析的文件和对应的样品所安装的口进行选择，点击 OK。

c. 点击 Start 开始进行分析，采集数据并输出图形。

d. 结束测试后点击 Close。

（9）生成测试报告：

a. 输出样品文件和参数文件至屏幕或打印机。

b. 从文件 Report 的菜单中选择生成报告 Start Report。

c. 对要打开的样品文件进行选择，点击 Report，在目的地 Destination 栏目下，对输出目的地进行选择，若将文件 Preview 选择为目的地，即可将报告输出至屏幕。若将文件 Printer 选择为目的地，即可打印输出报告。如果将文件 File 选择为目的地，即可将文件输出，可以在文件类型中选择 txt，xls 等输出。

d. 对文件名称进行选择，点击 OK。

六、实验注意事项

（1）气体钢瓶。设定气瓶的出口压力为 0.1MPa，要定期（一周）对气瓶上的气体管线进行检漏。若仪器长期不使用（超过一周时），需将气瓶关闭。

（2）样品管。为避免损坏样品管，在加样、安装和清洗样品管时务必要谨慎。清洗一般采用清水和超声波清洗器，并使用烘箱进行烘干。

（3）杜瓦瓶。开始时要慢慢添加液氮。不使用时，将保护盖盖在杜瓦瓶上。一周以上的放置，要将杜瓦瓶内部用水清洗，然后晾干。

（4）真空泵。在进行 600 个样品的测试之后，建议对真空泵油进行更换。

（5）仪器电源。仪器电源要求必须接地线，确保极性正确。

（6）实验室环境。闲置仪器时，将堵头安装在分析口和脱气口上进行封堵，整理工作区，保持清洁。实验室温度保持 15～35℃，湿度保持 20%～80%。

七、实验数据处理示例

以 Cu-BTC 材料为例，进行比表面和微孔分析实验，结果如下。

由图 3-10 可知，弯向 p/p_0 轴的吸脱附等温线，曲线最后接近水平，达到一个极限值的吸附量，其是典型的 I 型等温线。吸附量在 p/p_0 很低时迅速上升，这是因为在微孔内，增强了吸附剂与吸附质的相互作用，从而导致微孔填充在较低的相对压力下，因受到吸附气体能够进入的微孔体积的制约而导致吸附量趋于饱和，而并非因为内部表面积。N_2 的吸脱附等温线是 I 型曲线，在较低的相对压力下，材料具有非常强的吸附能力，进而达到平衡。这是因测试所使用的 Cu-BTC 材料具有的微孔结构直径小于 2nm。

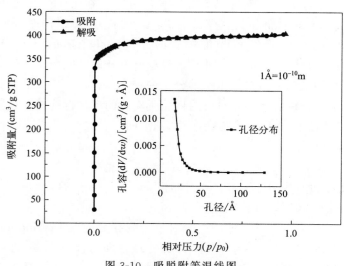

图 3-10　吸脱附等温线图

从孔径分布图也可看出，分布最多的是 1.7nm 孔径，且孔径分布主要在 1.7～2nm 之间集中，说明孔径分布具有比较窄的范围，都是微孔，孔径在微孔之外的极少。

材料比表面积的计算，首先进行的线性拟合取相对压力在 $0.05\sim0.35$ 之内的数据，得到的是一条直线，斜率 $a=0.00386$，截距 $b=-7.83\times10^{-5}$，所以 $V_m=1/(a+b)=264.43\mathrm{cm^3/g}$，则材料比表面积计算为：

$$S=\frac{V_m N_A \sigma}{22400W}$$
$$=\frac{264.43\times6.023\times10^{23}\times0.162\times10^{-18}}{22400}$$
$$=1152(\mathrm{m^2/g})$$

八、思考题

1. 利用气体吸附法测量固体样品的比表面时，需要对样品进行怎样的预处理？为什么要对样品进行这样的预处理？

2. 在 BET 测试中，液氮的作用有哪些？氦气作载气，氮气作吸附质，可以换成其他气体吗？理由是什么？

3. 某未知粉末样品 $0.30\mathrm{g}$，其在氮气压力 $p=258\mathrm{mmHg}$（$1\mathrm{mmHg}=133.322\mathrm{Pa}$）、液氮浴温度 77K 的条件下吸附了 $0.900\mathrm{cm^3}$ N_2（标准状态下的体积）。已知氮在该温度下的饱和蒸气压 $p_0=760\mathrm{mmHg}$，σ（每个 N_2 分子在样品表面所占的截面积）取 $0.162\mathrm{nm^2}$，请用 BET 单点法求出此样品的比表面积 S。

实验十三 连续流动合成技术实验

一、实验目的

掌握流动反应过程及微流动反应器操作。

二、实验内容

1. 学习微流动反应器的操作。
2. 了解 N-羟乙基-2,5-二甲基吡咯合成过程受流动条件下温度的影响。
3. 利用 GC/MS 测定反应物的转化率。
4. 优化条件下放大反应过程（选做）。

三、实验原理

现代化工业以绿色环保、可持续发展为前提，降低废气、废水、废渣排放，提升能量转化效率，加快可再生资源的开发。传统的釜式反应过程存在换热面积小、反应温度难以控制、实时在线监测不准确等缺点。典型的化工过程之一是连续流动过程，传统上主要用于生产大宗化学品。但近年来日趋广泛地应用在精细化学品，特别是原料药的生产过程中。美国、英国等大多数工业发达国家正在将传统的间歇式反应工艺逐步转变为连续流动工艺，而且，许多知名企业已经在生产中使用连续流动工艺并获得成功，如辉瑞、惠氏、诺华制药、罗氏制药、帝斯曼集团、阿斯利康等。

连续流动技术，代表试验自动化和绿色化学的先进方向，目前常见的连续流动化学技术包括连续结晶、连续合成、连续离心、连续过滤干燥、连续萃取等，在医药、农业化学、精细化工、特殊化学品及日用品化工业中应用相当广泛。连续流动反应技术的缩小版即微流动技术。由于其污染小、用量少、传质和传热均匀、易于精准测量与反应过程控制及后续放大的特点，通常用于化工教学实验。

连续流动化学是指在反应器（flow reactor）中连续地泵入两种（或多种）试剂，使其在反应器中进行混合并反应，其反应温度由热交换控制器调控，进而使化学反应得以实现，并生成所需的产品，其过程如图 3-11 所示。连续流动反应器与釜式反应器主要特征对比见表 3-5。

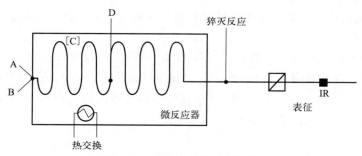

图 3-11　微流动化学过程简图

表 3-5　连续流动反应器与釜式反应器主要特征对比

反应器	釜式反应器	连续流动微/中观反应器
主要特征	三维内部结构远大于 $10^4 \mu m$（内部体积范围 mL～kL 之间）	三维内部结构小于 $1000 \mu m$（内部体积范围 μL～mL 之间）
	放大需依赖于工艺过程	放大不需依赖于工艺过程
	低的比表面积	高的比表面积，为釜式的几百甚至上千倍
	决定了工艺过程（工艺条件限制）	可根据工艺过程而设计（工艺条件非限制）
	占地面积较大	占地面积很小

吡咯及其衍生物是一类重要的杂环化合物，其在天然产物化学、药物化学、有机合成和材料化学等领域应用广泛。存在多种合成吡咯及其衍生物的方法，其中 Paal-Knorr 反应一直受到化学和医药工作者关注，它被广泛应用于合成吡咯及其衍生物，有关这一反应的研究迄今已见诸多文献报道。其基本原理如图 3-12 所示。

四、实验装置基本情况

1. 实验装置图

Labtrix® Start 系统和 KiloFlow® 连续流动反应器的实物图如图 3-13 和图 3-14 所示。

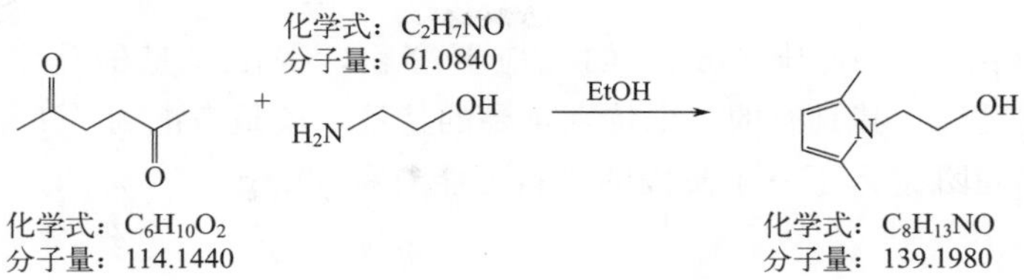

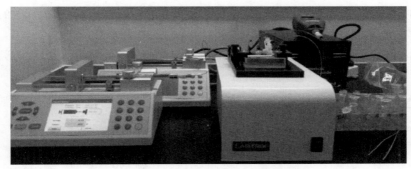

图 3-12 合成吡咯及其衍生物基本原理图

反应温度：室温，50℃，100℃

图 3-13 Labtrix® Start 系统

图 3-14 KiloFlow® 连续流动反应器

2. 微反应器介绍

（1）微反应器为一种玻璃容器，其内部有蚀刻通道，试剂溶液在通道中先升到反应温度，然后混合并发生反应。在反应器外反应产品被收集，分析采用标准色谱或光谱技术。依据实验条件和应用类型，微反应器可以使用包括金属、陶瓷、聚合物等一系列的材料来制作。

（2）不论采用何种材料制作微反应器，和传统的釜式反应器相比，它们具有一个共同特点，即更高的混合效率和更快的传热。对反应过程的控制可以通过精确控制这两种物理参数而增强，因而可以安全操作放热反应，甚至将产品的选择性增加。由于强化了反应过程控制，在实验室环境中开发微反应器合成工艺后，通过较低强度的再优化和工艺放大，就能进行规模化生产。

（3）从微升（μL）到毫升（mL）的反应器容积，得出大量的化学信息只使用毫克（mg）量的原料就足够。其具有的一个特别重要的特性，就是考虑到了工业化研究人员用来评估一个项目是否可以进入下一个阶段的原料可能只有 30mg。

五、实验方法及步骤

1. 储液

精确配制储备液 1：2.5mol/L 2,5-己二酮的乙醇溶液；精确配制储备液 2：2.5mol/L 乙醇胺的乙醇溶液。

（1）用型号为 3223（图 3-15）的反应器进行（容积＝10μL）反应，试剂被引入反应器中。

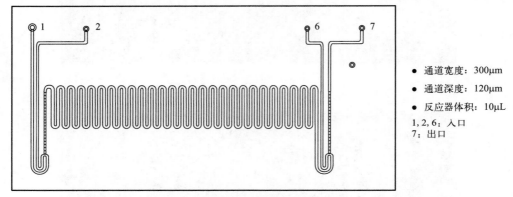

- 通道宽度：300μm
- 通道深度：120μm
- 反应器体积：10μL

1, 2, 6：入口
7：出口

图 3-15　反应器 3223 芯片示意图

（2）检查包含型号为 3223 的微反应器的反应器支架；若安装有另一个反应器，请咨询相关人员。

（3）将两个 1mL 气密性玻璃注射器用乙醇填满并连接鲁尔配件到入口 1 和 2（见图 3-15）。

（4）将两个注射器装满乙醇分别放在两个泵上，并将两个泵的泵速设置为 30μL/min；用废液瓶在反应器出口处收集溶剂 20min。检查是否有溶剂通过反应器和背压调节器进入废液瓶；若 20min 后无流体流出，关掉两个泵并请咨询相关人员。

（5）20min 之后，将泵停止并将注射器取出。将残留溶剂清除到适当的废液容器中。

（6）进行反应。

（7）填充储备液 1（见上）至注射器到大于 0.8mL 的标记位置，先将注射器连接到入口 1 的位置再安装到泵上。

（8）填充储备液 2（见上）至注射器到大于 0.8mL 的标记位置，先将注射器连接到入口 2 的位置再安装到泵上。

（9）设定流动速率为 10μL/min，并同时启动两个泵。收集反应产物到废液瓶中要在进行到优化反应条件（见下文）之前。

2. 测定温度对反应的影响

（1）泵的流速设置为 $10\mu L/min$，并收集在废液瓶中，持续 2min。

（2）温度控制器设置为室温，收集产物在废液瓶中，持续 5min。

（3）5min 之后，将出口管移至一个标记的干净的小瓶中并持续收集 10min，然后将出口管移至废液瓶，并将温度控制器设置为 50℃。

（4）5min 之后，将出口管移至一个标记的干净的小瓶中并持续收集 10min，然后将出口管移至废液瓶，并将温度控制器设置为 100℃。

（5）5min 之后，将出口管移至一个标记的干净的小瓶中并持续收集 10min，然后将出口管移至废液瓶。

（6）直接对所收集的样品进行 GC/MS 或 IR 分析。

（7）完成实验后对反应器进行清洗，并在指定的地点回收所产生的废弃物。

（8）处理数据并撰写实验报告。

（9）优化条件下过程放大（选做）。

六、实验注意事项

除遵守合成化学实验室安全条例外，还须了解 Labtrix® Start 安全说明。

为避免化学试剂泄漏产生危险，必须在封闭通风橱中操作 Labtrix® Start 系统，在加压的气密性玻璃注射器中（最大耐压 3.2MPa）装载化学试剂。若操作失误，注射器有可能会破裂。系统在加压或升温时，切记不要靠近并直视系统。注射器破裂的可能原因如下：

（1）进料管、微反应器或出口管有阻塞；

（2）连接进料管到错误的入口位置，在本书描述的所有实验中，进试剂用入口 1、2、6，产品收集用出口 7。

需要注意，必须将连续流动反应系统封闭在通风橱中，且将防护框在操作过程中拉下来。实验完成后再将温度控制器电源关闭前，设置其温度为 25℃，为了避免系统在下一个使用者开机时升到未知的温度。当在高温下使用过系统后，千万不要在系统冷却至室温前触碰微反应器支架，否则会被玻璃反应器和金属支架的高温烫伤。

七、实验数据处理示例

（1）使用红外光谱定性分析，考察反应转化程度；依据 2,5-己二酮的特征羰基峰，考察原料是否反应完全；依据吡咯特征峰，考察产物是否生成。

（2）依据提供的标准曲线，将样品稀释，使用 GC-MS 峰面积进行进一步定量分析。

（3）计算产率，对不同温度的反应情况进行分析。

（4）依据优化的结果，总结出放大的实验条件。

八、思考题

1. 说说微流动技术的优点和不足之处。

2. 为什么大黏度反应液操作时一般不采用背压阀？

实验十四　高效液相色谱测定小麦胚芽油胶囊中的维生素 E 含量实验

一、实验目的

1. 掌握高效液相色谱仪的一般使用方法与基本构造。
2. 熟悉高效液相色谱定性分析的原理及方法。
3. 熟悉测定维生素 E 总量及 α-维生素 E 含量的方法原理及实验技术。

二、实验内容

1. 标准溶液配制并绘制工作曲线；
2. 样品溶液配制，利用外标法对小麦胚芽油胶囊中 α-维生素 E 的含量进行计算；
3. 依据实验数据，分析影响 α-维生素 E 含量测定的因素。

三、实验原理

由储液器、泵、色谱柱、进样器、记录仪、检测器等几部分组成高效液相色谱仪，用高压泵将储液器中的流动相注入系统，经过进样器的样品溶液导入流动相，通过流动相载入色谱柱内，由于在两相中样品溶液各组分具有各不相同的分配系数且做相对运动，反复多次经过吸附-解吸的分配过程，在移动速度上各组分产生非常大的差别，由此，各组分被分离成单个组分后从色谱柱内依次流出，样品浓度经检测器转换成电信号传送到记录仪。

高效液相色谱法（high performance liquid chromatography，HPLC）依据分离机制的不同主要分为液液分配色谱法、液固吸附色谱法、离子交换色谱法、分子排阻色谱法及离子对色谱法。针对极性不同的固定相和流动相，液相色谱法可分为正相色谱法（NPC）和反相色谱法（RPC）。RPC 通常用非极性固定相（如 C_{18}、C_8），其在现代液相色谱中应用相当广泛，在整个高效液相色谱法应用中约占 80%。

根据维生素 E 异构体结构上的细微差异（如图 3-16 所示），可利用反相色谱或正相色谱进行分析，本实验对维生素 E 进行定量分析系采用反相色谱。通过创造合适的实验条件可以顺利地分离维生素 E 中的各种同系物及异构体。利用维生素 E 的标准品在分离的基础上进行定性和定量。若难以得到维生素 E 标准品，也可利用 α-维生素 E 间接定性，即先将 α-维生素 E 指认，然后依据维生素 E 异构体的极性对其他异构体进行指认，亦可利用 HPLC-MS 来帮助定性。

定性分析：通常，在测试方法及外界条件一定时，流入色谱柱的溶质中不同分配系数的物质流出色谱柱的时间也会不同，其表现在检测器上的响应是不同的出峰时间，保留时间

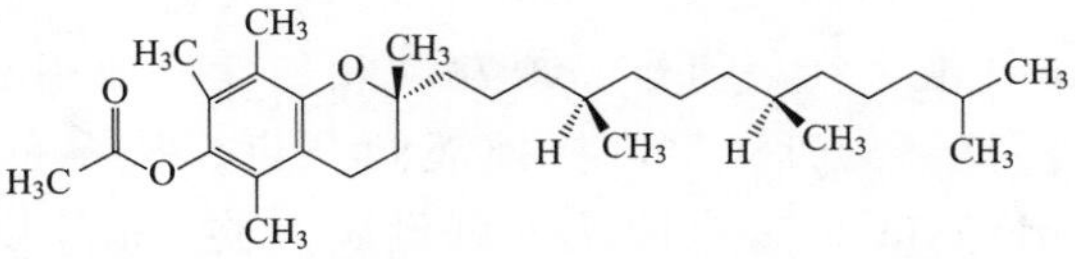

图 3-16　维生素 E($C_{31}H_{52}O_3$，分子量 472.75)

t_R 一致为同一组分（物质在两相间的分配系数 K 值固定），依据此特性可以将不同的有机化合物分离并定性。

定量分析：本实验测定未知样品中维生素 E 的含量采用外标法（external standard method）。在色谱系统中注入已配制浓度不同的维生素 E 标准溶液，对浓度 c-峰面积 A 的标准曲线进行绘制。若在整个实验过程中流速和泵的压力固定，对它们在色谱图上的保留时间 t_R 和峰面积 A 测定后，定性即可使用 t_R，定量测定参数可使用峰面积 A，未知样品注入后，可知未知样品的峰面积，按标准曲线查找，求出维生素 E 在未知样品中的含量。

四、实验装置基本情况

主要仪器：岛津液相色谱仪（LC-20AT）[配有二元泵 LC-20AT、手动进样器（六通阀进样器）、柱温箱 CTO-20A、紫外可见双波长检测器 SPD-20A 和色谱工作站]，InertSustain® C_{18} 柱，25μL 微量进样器。

试剂：α-维生素 E 分析标准品、甲醇（色谱纯）、蒸馏水。

未知试样：取市售小麦胚芽油胶囊一枚，使用小刀小心切开胶囊后将胶囊中溶液全部挤出（约 250mg），精确称量后使用甲醇定容于容量瓶中。

五、实验方法及步骤

1. 外标法测定样品中维生素 E 的含量

（1）标准系列溶液的配制。准确称取 DL-α-维生素 E 标准品 100mg，将其注入 100mL 棕色容量瓶中，使用甲醇定容到刻度线，得到浓度 1mg/mL 的储备母液，避光储存于 4℃下。

分别移取 0.5mL、1mL、2mL、5mL 母液，各滴入 10mL 容量瓶中后用甲醇进行定容，获得的校准样品呈一系列浓度梯度，分别为 50μg/mL、100μg/mL、200μg/mL、500μg/mL，避光储存于 4℃下。

（2）待测样品溶液的制备。取市售小麦胚芽油胶囊一枚的内容物，准确称量。滴入 25mL 棕色容量瓶中，利用甲醇定容到刻度线，充分摇匀。准确将 2mL 该溶液滴入 10mL 棕色容量瓶中，利用甲醇定容至刻度线，充分摇匀，通过有机系微孔滤膜（0.22μm）过滤，即获得待测的样品溶液。

2. 仪器准备与分析

（1）开机。将电源接通，按顺序将电源、泵、检测器依次开启，待泵和检测器结束自检，开启电脑显示器、主机，然后将色谱工作站打开。

（2）更换流动相并排气泡。在装有准备好流动相的储液瓶中放入吸滤器；将泵的排液阀逆时针转动 $180°$（不能超过 $180°$），将排液阀开启；按泵的 purge 键，pump 指示灯点亮，泵以大约 $9.9mL/min$ 的流速冲洗，可设定其在 $3min$ 后自动停止；顺时针将排液阀旋转到底，将排液阀关闭。若仍有气泡存在于管路中，则将以上操作重复直至排净气泡。

（3）平衡系统。将"在线色谱工作站"软件打开，将实验信息输入，将各项方法参数设定，然后按"下载"按钮导入参数。将泵启动，pump 指示灯点亮。使用检验方法用流动相对系统进行冲洗，通常最少需 6 倍柱体积流动相。对各管路连接处进行检查，查看是否漏液，若漏液应立即给予处理。保持对控制屏上泵的压力值仔细观察，不应有超过 $1MPa$ 的压力波动。若压力超过 $1MPa$，即可判断为仍有气泡在柱前管路，应对管路检查后再进行操作。对基线的变化进行观察，进行冲洗至基线漂移 $<0.01mV/min$，噪声 $<0.001mV$ 时，此时系统达到平衡状态，可操作进样。

（4）设置色谱方法参数。

色谱柱：InertSustain® C_{18} 柱（ $5\mu m$，$4.6mm×250mm$，PH1-10）；流动相：甲醇/水 $= 100/0$（体积比），流速 $1mL/min$；柱温：$40℃$；进样量：$20\mu L$；检测波长：$290nm$。

（5）进样、检测。进样前需校正基线零点，按"零点校正"按钮进行校正。用试样溶液对微量进样器进行清洗，并将气泡排除后适量抽取即可进样。测定含量的对照溶液和样品供试溶液注样 2 次。

（6）色谱柱的清洗。结束分析工作后，先将检测器关闭。然后使用甲醇以分析流速冲洗色谱柱持续 $15～30min$，同时用甲醇对进样阀中的残留样品清洗，若存在特殊情况应当将冲洗时间延长。

（7）关机。实验完毕后，将仪器和电脑关闭。

六、实验注意事项

（1）在使用微量进样器进样之前，需要将待分析溶液滤过针筒式滤膜过滤器，以防色谱柱被待测溶液中的固体不溶物堵塞。

（2）进样时使用微量进样器，必须注意气泡的排除。缓缓上提针芯进行抽液；如发现气泡，可将注射器针尖朝上，待气泡上浮后慢慢推出。

七、实验数据处理示例

（1）详细记录各种实验参数（如表 3-6 所示）。

表 3-6　维生素 E 含量测定实验原始数据记录

$c/(\mu g/mL)$	t_R/min	$A/(mV·s)$
50	5.151	219102
100	5.146	607627
200	5.147	869715

$c/(\mu g/mL)$	t_R/min	$A/(mV \cdot s)$
500	5.144	2237175
样品 1	5.15	548629

（2）绘制工作曲线，给出工作曲线方程及相关系数（如图 3-17 所示）。

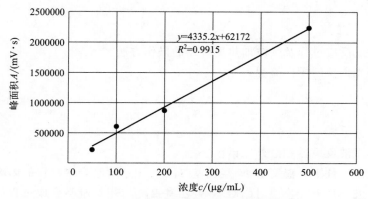

图 3-17　维生素 E 测定实验标准工作曲线

（3）用外标法计算小麦胚芽油胶囊中 α-维生素 E 的含量，对结果做误差分析。样品 1 的标样浓度由维生素 E 测量标准工作曲线可得：

$$c = \frac{548629 - 62172}{4335.2} = 112.21 (\mu g/mL)$$

$$误差 = \frac{最大绝对误差}{量程} \times 100\% = \frac{|1000 - 112.21|}{1000} \times 100\% = 88.78\%$$

分析：本次实验的仪器使用和操作比较简便，标准曲线具有较好的线性关系，检查结果较为准确，主要误差来自小麦胚芽油胶囊内容物称量时的损失。证明 HPLC 法测定小麦胚芽油胶囊中 α-维生素 E 含量的方法是可行的。

八、思考题

1. 将定量分析的内标法和外标法做对比，阐述二者的优缺点和适用范围。
2. 在实验操作过程中遇到了哪些问题？为了获得更准确的实验结果，应该如何改进？

九、色谱分析实验预习说明

1. 在实验前要求认真阅读实验讲义，复习分析化学课程的相关内容，了解通过高效液相色谱进行定性和定量分析的原理。
2. 在本实验中需要配制一系列标准溶液，请同学们回顾分析化学实验中容量瓶的定容方法。

实验十五　微波辅助合成技术及红外光谱测定实验

一、实验目的

1. 熟悉间歇式反应过程及微波加热反应器的操作方法。
2. 掌握红外光谱仪的操作流程。

二、实验内容

1. 操作单模微波反应器和红外光谱仪。
2. 探究在微波条件下，温度对 N-羟乙基-2,5-二甲基吡咯合成过程的影响。
3. 探究在微波条件下，反应时间对 N-羟乙基-2,5-二甲基吡咯合成过程的影响。

三、实验原理

　　传统的釜式反应过程环境污染严重，无法满足现代工业发展的要求。间歇式微波加热技术可以在很大程度上消除温度梯度对传统釜式反应过程的影响，近年来发展迅速。

　　微波加热是从反应体系内部加热，并通过对微波功率的调节达到控制反应温度的目的。是否产生温度梯度是单模微波加热与传统加热最大的不同。所谓单模微波，就是指能量均一的微波辐照。微波加热如图 3-18 所示。

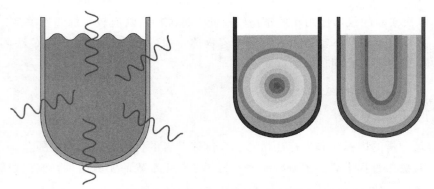

图 3-18　单模微波从体系内部加热，有效消除温度梯度

　　吡咯及其衍生物是一类重要的杂环化合物，其在天然产物化学、药物化学、有机合成和材料化学等领域应用广泛。存在多种合成吡咯及其衍生物的方法，其中 Paal-Knorr 反应一直受到化学和医药工作者关注，它被广泛应用于合成吡咯及其衍生物，有关这一反应的研究迄今已见诸多文献报道。其基本原理如图 3-12 所示。

四、实验装置基本情况

1. 单模微波反应器

如图 3-19 所示。

2. 单模微波反应器介绍

（1）微波是指频率在 300MHz～300GHz 范围内的电磁波，其能量不足以导致化学键的断裂。因此，微波辐照本质上是通过离子导或者偶极旋转机理产生能量耗损，提高整个宏观体系的温度，从而促进化学反应。微波装置根

图 3-19　实验室用单模微波反应器

据其作用于反应体系上的能量是否均一可以分为单模和多模两种类型，普通的家用微波装置属于多模装置。实验室和工业上允许使用频率为（915±25）MHz，2.45GHz±13MHz，5.8GHz±75MHz 和（22.125±0.125)GHz 的微波装置进行加热，其中 2.45GHz±13MHz 频段的微波使用最多。

（2）微波反应器的材料通常选用高硼玻璃或聚四氟乙烯，这些材料对微波的通透能力极佳。不论是用何种材料制作的微波反应器，与传统的釜式反应器相比，它们有一个共同的特点，即通过从反应体系内部加热的方式避免了温度梯度的产生。通过对输入微波功率的精确控制，可以有效控制反应温度以增加产品的选择性，并配以可控冷却装置，以提高操控的安全性。

（3）考虑到工业化研究人员可能只有 30mg 的原料来评估一个项目是否可以进入下一个阶段，微波反应器的一个很重要的特性就是反应器容积范围从微升（500μL）到毫升（mL），使用毫克（mg）量的原料就可以得到大量的化学信息。

五、实验方法及步骤

反应温度：50℃，100℃，150℃。

反应时间：30s，5min。

储备液 1：2.5mol/L 2,5-己二酮溶液。

储备液 2：2.5mol/L 乙醇胺溶液。

（1）在置有搅拌子的 10mL 反应管中加入 1mL 储备液 1 和 1mL 储备液 2，压盖后将反应管放入微波辐照孔中，合上外盖。

（2）设置微波反应器参数，在相应的温度和时间下进行反应。

（3）反应完成后，将反应管沉浸于冰水浴中冷却。

（4）将反应液取样进行 IR 和 GC-MS 分析。

（5）实验完成后，清洗反应器，并将所产生的废弃物放至指定的回收地点。

（6）处理数据，撰写实验报告。

六、实验注意事项

（1）除遵守化学实验室的安全条例外，还须了解 Biotage® Initiator＋微波合成仪的安全说明。

（2）使用前先检查反应管是否完好无损。

（3）加料后压盖应使用专用的压盖器。

（4）反应过程中注意监测反应温度和压力的变化，仪器内反应温度可达 300℃，实验操作压力可达 3MPa，超过使用温度和压力时应立即停止反应。

（5）若反应压力过高，开盖前应先使用注射针放气。

七、实验数据处理示例

（1）通过红外光谱定性分析，根据 2,5-己二酮的羰基特征峰考察反应物转化程度，通过产物吡咯特征峰考察是否生成产物。

（2）根据提供的标准曲线，将样品稀释，进一步通过 GC-MS 峰面积进行定量分析。

（3）计算产率，分析不同温度及时间的反应情况，得到最佳反应时间和温度。

八、思考题

1. 单模微波加热与传统加热方式有哪些不同之处？

2. 精细化工规模的微波加热反应为什么采用半流动式反应器？

实验十六　二氧化碳临界状态的观测及 p-V-T 关系测定实验

一、实验目的

1. 了解和掌握测定纯物质 p-V-T 关系曲线的原理和方法；

2. 观察纯物质 CO_2 的临界乳光现象、整体相变现象及气液两相混沌现象，增强对临界状态和热力学基本概念的认识和理解；

3. 测定纯物质的 p、V、T 数据，在 p-V 图上画出纯物质等温线；

4. 熟悉活塞式压力计和恒温器等热工仪器的使用方法。

二、实验内容

1. 设计用于数据记录及整理计算的表格。

2. 观察 CO_2 的气液两相临界现象，测定 CO_2 临界参数 p、V、T。

3. 测定二氧化碳的参数 p-V-T 之间的关系。在 p-V 坐标系中分别绘出当低于临界温度（$T=20℃$、$T=25℃$）、临界温度（$T=31.1℃$）及高于临界温度（$T=50℃$）时的三条等温曲线。

4. 计算不同压力下二氧化碳的饱和蒸气和饱和液体的比体积。

三、实验原理

本实验中使用的纯物质工质为高纯度的 CO_2 气体。$pV_m=RT$ 是理想气体状态方程，而现实中气体因分子体积和分子间相互作用力的影响，其参数压力（p）、温度（T）、比体积（V）之间不再严格遵从方程 $pV_m=RT$。考虑到上述分子体积和分子力两方面的影响，荷兰物理学家范德华（Johannes Diderik van der Waals）于 1873 年提出了理想气体状态方程的修正方程：

$$\left(p+\frac{a}{V^2}\right)(V-b)=RT$$

式中，a/V^2 是分子力的修正项；b 是分子体积的修正项。

由上式可知，简单可压缩系统中处于平衡状态的工质，其状态参数压力、温度、比体积三者之间相互关联，若其中任意一个参数的值保持恒定，测定其余两个参数之间的关系，就可得出工质状态的变化规律。例如，保持温度恒定，测定压力与比体积的对应数值，就能够得到等温线数据，以此绘制等温曲线。

在实验中，不方便测定充入承压玻璃管中的 CO_2 质量，而玻璃管的内径或截面积也很难精准测量，所以测定比体积一般采用间接的方法，也就是认定 CO_2 的比体积与它在玻璃管内的高度之间存在线性关系。

测量该实验台 CO_2 在 25℃、7.8MPa 下的液柱高度，记为 Δh^*（m）；

已知 $T=25℃$、$p=7.8MPa$ 时，$V=\dfrac{\Delta h^* A}{m}=0.00124（m^3/kg）$

$$\frac{m}{A}=\frac{\Delta h^*}{0.00124}=K$$

式中，K 是质面比常数，kg/m^2。

则在任意温度、任意压力下，CO_2 的比体积为

$$V=\frac{h-h_0}{m/A}=\frac{\Delta h}{K}$$

式中，$\Delta h=h_0-h$，是任意温度、压力下 CO_2 柱的高度；h 是任意温度、压力下水银柱的高度；h_0 是承压玻璃管内径顶端刻度。

1. 测定 CO_2 的 p-V-T 关系曲线

本实验测量三种温度条件下的等温线，分别为 $T<T_c$，$T=T_c$，$T>T_c$。CO_2 实际气体的等温线在温度低于临界温度 T_c 时，存在一条气液相变的直线段，如图 3-20 所示。相变过程的直线段随着温度的升高而逐渐缩短。当温度上升到临界温度时，饱和气体与饱和液体之间的区分界限已彻底消失，呈现混沌不清的状态，这就是临界状态。CO_2 的临界压力 p_c 为 7.52MPa，临界温度 T_c 为 31.1℃。

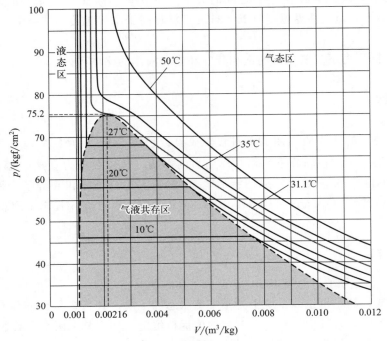

图 3-20 二氧化碳标准实验曲线

$1kgf/cm^2 = 0.0981MPa$

2. 观察热力学现象

（1）临界乳光现象

水加热到临界温度（31.1℃）后保持温度恒定，将压力台上的活塞螺杆摇进，使压力升至 7.8MPa 左右，然后快速摇退活塞螺杆使压力下降（注意保持实验本体稳固不动），玻璃管内将立即出现类似圆锥形的乳白色闪光，此即临界乳光现象。这是受重力场作用，二氧化碳分子沿高度分布不均匀以及光线的散射所造成的现象，可以反复操作，仔细观察这一现象。

（2）整体相变现象

在临界点时汽化潜热归零，饱和气相线与饱和液相线接近合于一点，这时当压力有略微变化时，气液相的相互转变不再是临界温度以下时那样需要一定时间的渐变过程，而是以突变的形式相互转化。

（3）气、液两相混沌不清的现象

因为在临界点的 CO_2 具有共同参数 (p, V, T)，所以无法只凭参数区分此时的 CO_2 是气态还是液态，只能说它是接近液态的气体或是接近气态的液体。以下是验证该结论的实验。由于此时在临界温度附近，若遵循等温线过程对 CO_2 进行压缩或扩张，则管内是什么现象也看不到的。

现在按绝热过程进行。首先，压力升为 7.8MPa 左右时，突然将压力降低，可见 CO_2 的状态点由等温线开始沿绝热线下降到液态区，承压玻璃管内 CO_2 出现了显著的液面，此时管内 CO_2 若是气体，则此气体离液区非常近，即接近于液态的气体；当在扩张之后，突

然对 CO_2 进行压缩时，这个液面又瞬间消失，这就证明，此时的 CO_2 液体离气区也很近，即近于气态的液体。由于此时的 CO_2 接近于气、液两态，因此只能处于临界点附近。临界状态即饱和气、液无法分清的状态。这就是临界点附近饱和气、液两相混沌不清的现象。

四、实验装置基本情况

实验装置主要由手动油压压力台、恒温槽和实验台本体及其防护罩等部分组成（如图 3-21 和图 3-22 所示）。

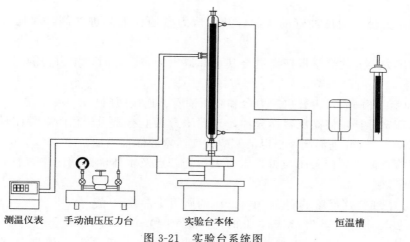

图 3-21　实验台系统图

流程说明：

实验过程中，通过压力台抽送过来的压力油注入高压容器和不锈钢杯上半部，使水银注入承压毛细玻璃管中，将管中预先装好的高纯度 CO_2 气体压缩，通过操作压力台上活塞螺杆的摇进摇退调节承压毛细玻璃管中 CO_2 气体的压力和容积。使用恒温槽供给的恒温水来调节水套内的温度。

通过压力台上安装的精密压力表读出 CO_2 的压力值（绝压＝表压＋大气压），由恒温水套中的温度传感器读出温度，由 CO_2 柱的高度除以质面比常数计算得出比体积。

设备仪表参数：

毛细玻璃管长度：460mm；

压力台：最大压力 10MPa；

恒温水浴温度范围：－5～99℃。

五、实验方法及步骤

（1）开启实验装置总电源，打开实验台本体上的

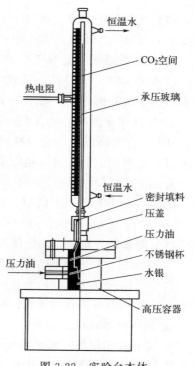

图 3-22　实验台本体

LED 灯。

（2）打开恒温槽进行恒温操作。调节恒温槽的水位到离盖 30～50mm 的位置，打开恒温槽开关，按照恒温槽操作说明将温度调节至所需温度，观察水套实际温度，并将水套温度调整至尽可能靠近实验所需温度（可以近似认为承压玻璃管内的 CO_2 温度等于水套的温度）。

（3）加压前的准备工作。由于压力台的活塞腔体容量小于容器容量，因此需要反复从油杯里抽油，再向高压容器充油。压力台进行抽油、充油的操作必须十分谨慎，因为一旦操作失误，不仅无法加压，还很可能对实验设备造成损坏。所以，必须认真掌握，其步骤如下：

① 关闭压力台至加压油管的阀门，开启压力台油杯上的进油阀，保证压力表的阀门常开。

② 操作压力台上的活塞螺杆摇退至其全部退出为止。此时，压力台的活塞腔体内抽满了油。

③ 先关闭油杯阀门，再开启压力台和高压油管的连接阀门。

④ 摇进活塞螺杆，使高压容器充油，直到压力表上有压力读数时，关闭压力台和高压油管的连接阀门，打开进油阀，摇退活塞螺杆使活塞腔体抽满油。

⑤ 重复检查油杯阀门关闭与否，压力表是否开启及本体油路阀门是否打开。检查无误后，即可开始实验。

（4）测定毛细管（承压玻璃管）内 CO_2 的质面比常数 K 值

① 恒温 25℃，加压至 7.8MPa，此时比体积 $V=0.00124$。

② 稳定后记录此时的水银柱高度 h 和毛细管柱顶端高度 h_0，根据公式计算质面比常数。

（5）测定低于临界温度 $T=10℃$、20℃时的等温线（此温度为建议值，当温度低于室温太多时容易产生水汽，实验时可自行选择）。

① 设定恒温器温度为 $T=20℃$，并保持恒温。

② 渐次增大压力，压力达到 3MPa 左右（毛细管下部有水银液面出现）时读取相对应的水银柱上的液面刻度，对第一个数据点做好记录。

③ 根据标准曲线并结合实际观察毛细管内的物质状态，若处于单相区，则按压力间隔 0.3MPa 左右提高压力；当观察到毛细管内出现液柱时，则按每提高液柱 5～10mm 记录一次数据；达到稳定时，读取相应水银柱上的液面刻度。注意在加大压力时，为保证定温的条件，必须十分缓慢地摇进活塞杆。

④ 当再次处于单相区时，按压力间隔 0.3MPa 左右渐次提高压力，直至压力达到 9.0MPa 左右为止，在操作过程中记录相关的压力和刻度。

（6）观察临界现象，测定临界等温线和临界参数。

① 将恒温水浴温度调至临界温度（31.1℃），按前述方法和步骤测定临界等温线，在曲线的拐点（7.5～7.8MPa）附近，要注意慢慢调节压力（调节间隔可在 5mm 刻度），精准地确定临界压力和临界比体积，准确作出临界等温线上的拐点。

② 观察临界现象。

a. 临界乳光现象。水加热到临界温度（31.1℃）后保持温度恒定，将压力台上的活塞螺杆摇进，将压力升至 7.8MPa 左右，然后快速摇退活塞螺杆使压力下降（注意保持实验本体稳固不动），玻璃管内将立即出现类似圆锥形的乳白色闪光，此即临界乳光现象。这是受重力场作用，二氧化碳分子沿高度分布不均匀以及光线的散射所造成的视觉现象，可以反复操作，仔细观察这一现象。

b. 整体相变现象。在临界点时汽化潜热归零，饱和蒸气线与饱和液相线接近重合于一点，这时当压力有略微变化时，气液相的相互转变不再是临界温度以下时那样需要一定的时间的渐变过程，而是以突变的形式相互转化。

c. 气液两相混沌不清的现象。因为在临界点的 CO_2 具有共同参数 (p, V, T)，所以无法区分此时的 CO_2 是气态还是液态，只能说它是接近液态的气体或是接近气态的液体。在临界温度附近，若遵循等温线过程对 CO_2 进行压缩或扩张，则管内是什么现象也看不到的。现在，以绝热过程来进行。先调节压力到 7.8MPa 附近，然后突然降低压力（压力的快速下降，使毛细管内的 CO_2 与外界的热交换无法充分进行，导致温度下降），CO_2 状态点会沿绝热线（而非等温线）下降到二相区，管内 CO_2 出现较明显的液面。也就是说，若此时管内 CO_2 是气体，那么这种气体离液相区很近，是近于液态的气体；当扩张之后突然压缩 CO_2 时，这个液面又立即消失了。这个现象表明，此时 CO_2 液体离气相区也很近，是近于气态的液体。此时 CO_2 处于液态与气态之间，因此只能在临界点附近。这种临界状态的流体无法分清气液态。此即在临界点附近气液两相混沌不清的现象。

（7）测定高于临界温度 $T=50℃$ 时的等温线（此温度为建议值，实验时可自行选择）。

将恒温水浴温度调至 50℃，按照上述方法和步骤测定等温线。

（8）实验结束后，给装置进行降压操作，摇退螺杆至压力表读数为 0.2MPa，所有阀门均处于打开状态。

六、实验注意事项

（1）实验压力不得超过 9.8MPa。

（2）应缓慢地摇进活塞螺杆，否则来不及平衡，不能保证恒温恒压条件。

（3）在液相将出现，存在气、液两相，气相即将完全消失以及接近临界点的情况下，升压间隔应非常小，升压速度应缓慢。严格来说，在气、液两相同时存在的状态下，当温度恒定时，应保持压力不变。

（4）压力表的读数为表压，在数据处理时应以绝对压力为准。

七、实验数据处理示例

1. 数据记录

（1）质面比常数 K 值计算（如表 3-7 所示）。

表 3-7　质面比常数 K 值计算列表示例

温度/℃	压力/MPa	Δh^*/mm	CO_2 比体积/(m^3/kg)	K/(kg/m^2)

（2）记录不同温度下的 p-h 数据（如表 3-8 所示）。

表 3-8　不同温度下的 p-h 数据记录列表示例

编号	10℃		20℃		31.1℃		50℃	
	水银高 /mm	压力 /MPa	水银高 /mm	压力 /MPa	水银高 /mm	压力 /MPa	水银高 /mm	压力 /MPa
1								
2								
3								
4								
…								

（3）对记录数据进行处理并列入表格（如表 3-9 所示）。

表 3-9　数据处理结果列表示例

编号	10℃		20℃		31.1℃		50℃	
	比体积	绝对压力/MPa	比体积	绝对压力/MPa	比体积	绝对压力/MPa	比体积	绝对压力/MPa
1								
2								
3								
4								
…								

（4）作出 V-p 曲线，并与理论曲线对比，分析其中的异同点。

2. 计算实例

25℃下各数据如表 3-10 所示。

表 3-10　质面比常数 K 值计算

温度/℃	压力/MPa	Δh^*/mm	CO_2 比体积/(m³/kg)	K/(kg/m²)
25	7.8	41	0.00124	33

质面比常数：

$$K=\frac{m}{A}=\frac{\Delta h}{0.00124}=\frac{41\times10^{-3}}{0.00124}=33$$

记录 20℃，25℃，31.1℃和 50℃下的 p-h 关系（如表 3-11 所示）。

表 3-11　不同温度下的 p-h 数据记录

毛细管顶端刻度 $h_0=364$mm　　　　　　　　　质面比常数 $K=33$kg/m²

编号	20℃		25℃		31.1℃		50℃	
	水银高 /mm	压力 /MPa	水银高 /mm	压力 /MPa	水银高 /mm	压力 /MPa	水银高 /mm	压力 /MPa
1	0	2.89	0	3	0	3.08	0	3.3
2	43	3.2	33	3.2	46	3.4	34	3.6

编号	20℃		25℃		31.1℃		50℃	
	水银高/mm	压力/MPa	水银高/mm	压力/MPa	水银高/mm	压力/MPa	水银高/mm	压力/MPa
3	80	3.5	68	3.5	80	3.7	63	3.9
4	111	3.8	99	3.8	103	4	88	4.2
5	134	4.1	123	4.1	127	4.3	108	4.5
6	156	4.4	143	4.4	147	4.6	129	4.8
7	177	4.7	166	4.7	168	4.9	150	5.1
8	198	5	186	5	186	5.2	164	5.4
9	215	5.3	204	5.3	202	5.5	179	5.7
10	231	5.6	217	5.6	215	5.8	192	6
11	245	5.9	232	5.9	227	6.1	204	6.3
12	260	6.07	245	6.2	239	6.4	214	6.6
13	265	6.09	259	6.5	251	6.7	224	6.9
14	270	6.1	272	6.7	263	7	233	7.2
15	275	6.11	275	6.7	275	7.3	241	7.5
16	280	6.17	280	6.7	288	7.6	250	7.8
17	285	6.19	285	6.8	307	7.9	257	8.1
18	290	6.21	290	6.8	317	8.2	264	8.4
19	295	6.27	295	6.9	322	8.5	272	8.7
20	300	6.3	300	7	325	8.8	278	9
21	305	6.35	305	7	326	9.1	285	9.3
22	310	6.46	310	7.2	328	9.4	290	9.6
23	315	6.59	315	7.3				
24	320	6.8	320	7.6				
25	324	7.1	323	7.9				
26	327	7.4	326	8				
27	329	7.7	328	8.3				
28	330	8	329	8.6				
29	331	8.3	330	8.9				
30	332	8.6	331	9.2				
31	332	8.9	331	9.5				
32	333	9.2						
33	333	9.5						

在 20℃，2.89MPa 压力下：

比体积：

$$V=\frac{\Delta h}{K}=\frac{(364-0)\div1000}{33}=0.011(\text{m}^3/\text{kg})$$

绝对压力：

$$p = p_{表} + p_{大气} = 2.89 + 0.101 = 2.99 (MPa)$$

将处理后的数据记入表 3-12。

表 3-12 数据处理结果记录

编号	20℃ 比体积 /(m³/kg)	20℃ 绝对压力 /MPa	25℃ 比体积 /(m³/kg)	25℃ 绝对压力 /MPa	31.1℃ 比体积 /(m³/kg)	31.1℃ 绝对压力 /MPa	50℃ 比体积 /(m³/kg)	50℃ 绝对压力 /MPa
1	0.0110303	2.99	0.011	3.08	0.011	3.18	0.011	3.41
2	0.0097273	3.30	0.01	3.30	0.0096	3.50	0.01	3.70
3	0.0086061	3.60	0.009	3.60	0.0086	3.80	0.009	4.00
4	0.0076667	3.90	0.008	3.90	0.0079	4.10	0.008	4.30
5	0.0069697	4.20	0.007	4.20	0.0072	4.40	0.008	4.60
6	0.006303	4.50	0.007	4.50	0.0066	4.70	0.007	4.90
7	0.0056667	4.80	0.006	4.80	0.0059	5.00	0.006	5.20
8	0.0050303	5.10	0.005	5.10	0.0054	5.30	0.006	5.50
9	0.0045152	5.40	0.005	5.40	0.0049	5.60	0.006	5.80
10	0.0040303	5.70	0.004	5.70	0.0045	5.90	0.005	6.10
11	0.0036061	6.00	0.004	6.00	0.0042	6.20	0.005	6.40
12	0.0031515	6.17	0.004	6.30	0.0038	6.50	0.005	6.70
13	0.003	6.19	0.003	6.60	0.0034	6.80	0.004	7.00
14	0.0028485	6.20	0.003	6.80	0.0031	7.10	0.004	7.30
15	0.002697	6.21	0.003	6.80	0.0027	7.40	0.004	7.60
16	0.0025455	6.27	0.003	6.82	0.0023	7.70	0.003	7.90
17	0.0023939	6.29	0.002	6.90	0.0017	8.00	0.003	8.20
18	0.0022424	6.31	0.002	6.92	0.0014	8.30	0.003	8.50
19	0.0020909	6.37	0.002	7.00	0.0013	8.60	0.003	8.80
20	0.0019394	6.40	0.002	7.07	0.0012	8.90	0.003	9.10
21	0.0017879	6.45	0.002	7.12	0.0012	9.20	0.002	9.40
22	0.0016364	6.56	0.002	7.28	0.0011	9.50	0.002	9.70
23	0.0014848	6.69	0.001	7.41				
24	0.0013333	6.90	0.001	7.67				
25	0.0012121	7.20	0.001	7.97				
26	0.0011212	7.50	0.001	8.10				
27	0.0010606	7.80	0.001	8.40				
28	0.0010303	8.10	0.001	8.70				
29	0.001	8.40	0.001	9.00				
30	0.0009697	8.70	0.001	9.30				
31	0.0009697	9.00	0.001	9.60				
32	0.0009394	9.30						
33	0.0009394	9.60						

根据表 3-12 作出 $V\text{-}p$ 曲线（如图 3-23 所示）。

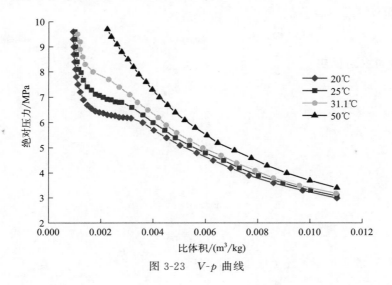

图 3-23　$V\text{-}p$ 曲线

八、思考题

1. 在实验中保持加压及降压过程缓慢进行的原因是什么？
2. 分析实验中有哪些因素会带来误差。

实验十七　乙苯脱氢实验

一、实验目的

1. 了解固定床反应器装置的基本工艺。
2. 掌握乙苯作为原料，利用氧化铁系催化剂，于固定床单管反应器中制备苯乙烯的过程。
3. 掌握实验操作流程与稳定工艺条件的方法。
4. 了解乙苯脱氢反应的操作条件对产物收率产生的影响。
5. 练习并掌握色谱分析方法。

二、实验内容

1. 以乙苯及水为原料制取苯乙烯。
2. 收集实验数据计算乙苯转化率、苯乙烯的选择性和收率。
3. 分析并总结影响本实验的因素。

三、实验原理

1. 本实验的主副反应

主反应：

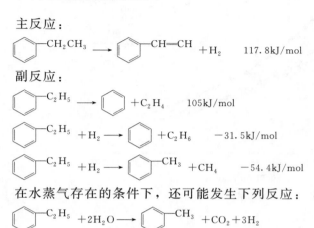

副反应：

在水蒸气存在的条件下，还可能发生下列反应：

此外，还有一些芳香族碳氢化合物的脱氢缩合反应，生成聚合物、焦油和碳。发生这种连锁反应不仅导致反应的选择性降低，而且使催化剂的表面容易积炭，活性降低。

2. 影响本反应的因素

（1）温度的影响。乙苯脱氢反应是吸热反应，$\Delta H^{\ominus} > 0$，从温度与平衡常数的关系式 $\left(\dfrac{\partial \ln K_p}{\partial T}\right)_p = \dfrac{\Delta H^{\ominus}}{RT^2}$ 可以得出，温度升高使平衡常数增大，进而提升脱氢反应的平衡转化率。而副反应也会随温度升高而发生，导致苯乙烯的选择性降低，能耗增大，对设备材质的要求更高，因此，必须注意控制适当的反应温度。

（2）压力的影响。在乙苯脱氢反应中反应物体积是增大的。从压力与平衡常数的关系式 $K_p = K_n \left[\dfrac{p_{总}}{\sum ni}\right]^{\Delta \gamma}$ 可以得出，当 $\Delta \gamma > 0$ 时，通过降低总压 $p_{总}$ 可使 K_n 增大，反应的平衡转化率进而提高，因此，压力的降低对平衡向脱氢反应方向移动有利。实验在减压或加入惰性气体的条件下进行，稀释剂一般使用水蒸气，可使乙苯的分压降低，提高平衡转化率。脱氢反应所需的部分热量还可以由加入的水蒸气提供，既稳定了反应温度，又可使反应产物比较迅速地与催化剂表面脱离，促进反应向生成苯乙烯方向进行；同时，对催化剂表面的积炭有清除效果。需要注意的是，水蒸气浓度的持续增大并不会使乙苯转化率持续提高，较为适宜的用量为水/乙苯＝(1.2～2.6)：1（质量比）。

（3）空速的影响。接触时间的增大可促进乙苯脱氢反应中各类副反应的进行，从而降低产物苯乙烯的选择性。催化剂的最佳活性与合适的空速及反应温度有关，本实验乙苯的空速以 $0.6 \sim 1 \mathrm{h}^{-1}$ 为宜。

（4）催化剂的影响。对催化剂的选择是乙苯脱氢技术的关键。该反应的催化剂种类繁多，其中，应用最为广泛的是铁系催化剂。添加铬、钾助剂的氧化铁催化剂可使乙苯的转化率达到 40%，苯乙烯选择性达到 90%。在应用中，对反应收率影响比较大的因素之一是催化剂的几何形状。异形催化剂，如具有粒径较小、表面积较低、星形或十字形截面等特征的催化剂，可相应提高产物选择性。

本实验所用氧化铁系催化剂的组成为：Fe_2O_3-CuO-K_2O_3-CeO_2。

四、实验装置基本情况

1. 实验装置工艺流程

乙苯脱氢实验装置的工艺流程如图 3-24 所示。

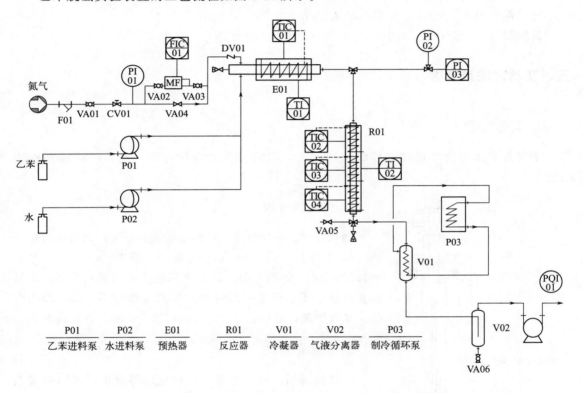

P01	P02	E01	R01	V01	V02	P03
乙苯进料泵	水进料泵	预热器	反应器	冷凝器	气液分离器	制冷循环泵

图 3-24　乙苯脱氢实验装置工艺流程图

F01—过滤器；MF—质量流量计；DV01—单向阀；VA01—进气球阀；CV01—稳压阀；VA02—流量计前球阀；
VA03—流量计后球阀；VA04—旁路截止阀；VA05—耐高温出气截止阀；VA06—放净球阀；PI01—进气压力（表）；
PI02—反应压力（表）；PI03—反应压力（电脑远传）；TI01—预热炉温度显示；TI02—反应器温度显示；
TIC01—预热炉温度控制；TIC02—反应炉上段温度控制；TIC03—反应炉中段温度控制；
TIC04—反应炉下段温度控制；FIC01—流量控制；PQI01—湿式气体流量计

该反应系统由两大部分组成：第一部分为工艺设备，包括质量流量计、蠕动泵（P01）、预热器、反应器、冷凝器、气液分离器、湿式气体流量计、阀门管路等。第二部分为电控系统，包括工控主机、温度模块、电源模块等主要部件，实现温度显示、温度定值控制、温度程序控制、气体流量显示、气体流量控制等功能。

2. 设备仪表参数

固定床反应器：内径 ϕ15mm，长 600mm，316L 不锈钢材质，柔性密封。
固定床加热炉：三段加热，功率 2kW，设计温度 1000℃，程序控温。
预热炉：单段加热，功率 0.5kW，最高使用温度 300℃，定值控温。
质量流量计：氮气，流量 0～1000mL/min，定值控制。
蠕动泵：转速 0.1～200.0r/min，调节精度 0.1r，配 14♯管，流量 0.25mL/r。
试剂：乙苯（化学纯）、去离子水、氮气、铁系催化剂。
产物成分：乙苯、苯乙烯、苯（微量）、甲苯（微量）。
装置额定电压：380V；额定功率 2.5kW。
装置尺寸：1480mm×580mm×1800mm（长×宽×高）。

五、实验方法及步骤

1. 工艺熟悉

了解并掌握实验装置各部件的使用方法，实验装置的操作过程，出料的采样和检测方法。

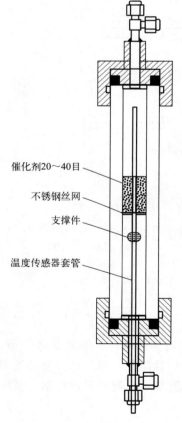

催化剂20～40目

不锈钢丝网

支撑件

温度传感器套管

图 3-25　反应器组装

2. 气密性检测

通入氮气，将质量流量计的流量调到最大，调节入口稳压阀，保持 0.1MPa 左右的进气压力，反应器入口压力表 0.1MPa 左右，保持数分钟，关闭气路开关阀和出口阀，质量流量计显示零点值或一段时间内压力表指针不下降，即为合格。如有泄漏，可用肥皂水对各接口进行检测，查找漏点。

3. 催化剂填装

完成检漏后，泄压至常压，将反应器拆下，用丙酮或乙醇将反应器清洗干净后再吹干反应器；筛取 20～40 目催化剂颗粒 10mL，装填催化剂过程如图 3-25 所示，填装高度约 55mm，位于反应器中部。

4. 催化剂活化

开始升温，将预热器温度控制在 200～300℃，反应器温度达到 200℃后，将水加料泵启动，控制泵转速为 1.4r/min（水流量约 0.34mL/min），在反应器温度达到 350℃（反应器每小时升温 100～150℃）后，恒温 2h 左右，将乙苯加料泵启动，控制泵转速为 0.4r/min（乙苯流量约 0.1mL/min），当温度升至 550℃时，将催化剂恒温活化 3h，之后进入反应阶段。

5. 反应阶段

开始升温，控制预热器温度在 200～300℃，在反应器升温至 200℃时，启动水加料泵，控制泵转速 1.4r/min（水流量约 0.34mL/min），反应器升温至 550℃时，开启乙苯加料泵，按水∶乙苯＝2∶1（体积比）调节流量，控制乙苯流量为 0.17mL/min（约 0.8r/min）。将反应温度分别控制在 550℃、575℃、600℃、625℃，记录不同温度下反应物的转化率与产品的收率。

6. 取样

在每个反应温度下稳定 30min（注意：每次开始计时前，先从气液分离器下部放净液相产品）后，从气液分离器下部取样品。取样时用分液漏斗分离水相，分别称量油相及水相质量，用于进行物料恒算。

7. 检测分析

用注射器取烃层液样品，进样至气相色谱仪中定量分析产物组成。通过计算，得出各组分的含量、原料的转化率及产物的收率。

8. 实验结束

反应完成后，立即停止添加乙苯原料并继续通水，保持 30～60min（将催化剂上的焦状物清除，使催化剂再生后待用）后，关闭反应加热炉，待反应器温度降至 300℃以下时，先后关闭水蠕动泵、预热炉及水、电，打扫卫生后报告装置负责人。

注意：步骤 2～4 由指导教师课前完成。

六、实验注意事项

（1）实验开始前必须先检查装置气密性。
（2）在加热过程中尽量与加热炉保持一定的距离，且在实验前应做好实验室通风。
（3）每次实验结束后务必检查装置水、电、气关闭情况。

七、实验数据处理示例

（1）原始数据记录如表 3-13 所示。

表 3-13　乙苯脱氢实验原始数据记录

室温：21℃　　　　　　　　　　　　　　大气压：101kPa

时间	预热温度/℃	反应温度/℃	水进料量/(mL/min)	乙苯进料量/(mL/min)	油层/g	水层/g
14：00	200	580	0.17	0.1		
14：30	200	580	0.43	0.29		
15：00	200	615	0.43	0.29		
15：30	200	638	0.43	0.29		

（2）产品检测及分析结果记录如表 3-14 所示。

表 3-14　乙苯脱氢实验数据处理结果记录

反应温度/℃	乙苯进料量/(mL/min)	精产品							
		苯		甲苯		乙苯		苯乙烯	
		含量/%	质量/g	含量/%	质量/g	含量/%	质量/g	含量/%	质量/g
580	0.1					63.11		35.89	
580	0.29					70.64		29.36	
615	0.29					37.41		62.59	
638	0.29					24.96		75.04	

（3）处理数据相关公式。

$$乙苯转化率 = \frac{原料中乙苯量 - 产物中乙苯量}{原料中乙苯量} \times 100\%$$

$$苯乙烯选择性 = \frac{生成苯乙烯量(mol)}{反应乙苯量(mol)} \times 100\%$$

$$苯乙烯收率 = 转化率 \times 选择性$$

八、思考题

1. 如何判断该反应是放热还是吸热？如果是吸热反应，那么升高温度对反应是否有利？反应温度是否越高越好？

2. 在本反应中，体系总体积是增大还是减小？加压对反应是否有利？

3. 本实验分别生成哪几种液体产物和气体产物？如何进行产物组分分析？

参考文献

[1] 李致贤，黄锦浩，郑大锋，等．化工原理实验课程思政教学探索与实践[J]．广州化工，2022，50（21）：203-205.

[2] 都健，王瑶，潘艳秋，等．化工原理[M]．北京：高等教育出版社，2022：59.

[3] 朱平华．化工原理实验[M]．南京：南京大学出版社，2018：174.

[4] 程振平，赵宜江．化工原理实验[M]．南京：南京大学出版社，2017：189.

[5] 代伟，滕波涛，汤岑，等．化工原理实验及仿真[M]．武汉：武汉大学出版社，2018：159.

[6] 吴青芸，周航宇，韩鉴琛，等．化工原理液液传质系数测定实验的误差分析与改进建议[J]．广东化工，2021，48（19）：196-198.

[7] 汪学军，李岩梅，楼涛．化工原理实验[M]．北京：化学工业出版社，2009：92-100.